Isaac Christopher Lubogo

Promover a harmonia ambiental Uganda

Isaac Christopher Lubogo

Promover a harmonia ambiental Uganda

O caminho do Uganda para as futuras salvaguardas no contexto das alterações climáticas

ScienciaScripts

Imprint

Any brand names and product names mentioned in this book are subject to trademark, brand or patent protection and are trademarks or registered trademarks of their respective holders. The use of brand names, product names, common names, trade names, product descriptions etc. even without a particular marking in this work is in no way to be construed to mean that such names may be regarded as unrestricted in respect of trademark and brand protection legislation and could thus be used by anyone.

Cover image: www.ingimage.com

This book is a translation from the original published under ISBN 978-620-7-81008-6.

Publisher:
Sciencia Scripts
is a trademark of
Dodo Books Indian Ocean Ltd. and OmniScriptum S.R.L publishing group

120 High Road, East Finchley, London, N2 9ED, United Kingdom
Str. Armeneasca 28/1, office 1, Chisinau MD-2012, Republic of Moldova, Europe
Printed at: see last page
ISBN: 978-620-7-91091-5

Índice

SOBRE O LIVRO

Face a um clima global em constante mudança, "Fostering Environmental Harmony: Uganda's Path to Future Safeguards Amidst Climate Change" investiga a intrincada relação entre os diversos ecossistemas do Uganda e os desafios colocados pelas alterações climáticas. Este livro perspicaz e virado para o futuro embarca numa viagem através da intrincada tapeçaria do ambiente do Uganda, lançando luz sobre os esforços da nação para alcançar a harmonia e a sustentabilidade.

O Uganda, com a sua rica biodiversidade e vibrante património cultural, encontra-se numa encruzilhada em que o imperativo de enfrentar as alterações climáticas se cruza com a necessidade de preservar os seus recursos naturais para as gerações vindouras. Este livro revela a intrincada teia de interdependências que une os ecossistemas e as comunidades do país, destacando as vulnerabilidades enfrentadas por ambos na sequência de perturbações relacionadas com o clima.

Com base numa mistura de investigação científica, análise política e perspectivas locais, "Fostering Environmental Harmony" apresenta uma visão abrangente dos esforços do Uganda para enfrentar estes desafios. Mostra as estratégias inovadoras que estão a ser implementadas para salvaguardar o ambiente e, ao mesmo tempo, promover o desenvolvimento sustentável, salientando a importância de fomentar a resiliência face à adversidade.

Através de uma série de narrativas e estudos de caso convincentes, os leitores adquirem uma compreensão profunda das dimensões multifacetadas dos impactes das alterações climáticas no Uganda. Desde a agricultura e os recursos hídricos à conservação da vida selvagem e ao planeamento urbano, este livro apresenta uma imagem holística dos problemas em causa e das soluções que estão a ser procuradas. Também sublinha o papel do envolvimento da comunidade, da tecnologia e da colaboração internacional na definição do caminho do Uganda para uma coexistência harmoniosa com o seu ambiente.

Numa altura em que o Uganda se encontra à beira da transformação, "Fostering Environmental Harmony" serve de bússola orientadora, iluminando o caminho a seguir para decisores políticos, ambientalistas, investigadores e cidadãos preocupados. Ao explorar o nexo entre as alterações climáticas, a harmonia ambiental e as salvaguardas futuras, este livro dá início a um diálogo que transcende as fronteiras e inspira a ação colectiva para garantir um futuro sustentável e resiliente para o Uganda e para o planeta.

Crítica "Fostering Environmental Harmony: Uganda's Path to Future Safeguards Amidst Climate Change", da autoria de Isaac Christopher Lubogo, é uma exploração profundamente esclarecedora e abrangente do percurso do Uganda no sentido de enfrentar os formidáveis desafios das alterações climáticas, ao mesmo tempo que se esforça por alcançar o equilíbrio ecológico. Nesta obra-prima meticulosamente elaborada, Lubogo entrelaça habilmente conhecimentos científicos, narrativas da comunidade e perspectivas políticas para criar uma narrativa convincente que cativa tanto o coração como o intelecto.

Desde o primeiro capítulo, é evidente a dedicação de Lubogo à compreensão da intrincada interação entre os diversos ecossistemas do Uganda e o espetro iminente das alterações climáticas. A sua capacidade de dar vida às relações íntimas entre os vários ecossistemas, a sua flora, fauna e as comunidades que deles dependem, cria uma tapeçaria vívida do tecido ambiental da nação.

Cada capítulo, com o seu enfoque distinto em aspectos-chave como a agricultura, os recursos hídricos, a conservação da biodiversidade e o envolvimento da comunidade, serve como uma janela para os desafios enfrentados pelo Uganda. O livro navega habilmente através destes desafios, mostrando não só as vulnerabilidades, mas também a notável resiliência e inovação demonstradas pelo povo do Uganda.

O que verdadeiramente distingue este livro é o otimismo inabalável de Lubogo. Embora as alterações climáticas representem uma realidade assustadora, "Fostering Environmental Harmony" é um farol de esperança, apresentando uma multiplicidade de estratégias e histórias de sucesso que destacam a forma como o Uganda se está a adaptar ativamente às alterações climáticas. Os capítulos sobre tecnologia e inovação, envolvimento da comunidade e colaboração internacional fornecem uma compreensão holística dos esforços multidimensionais que estão a remodelar a trajetória da nação.

É de louvar a capacidade de Lubogo para combinar, sem problemas, investigação rigorosa com as narrativas pessoais de indivíduos no terreno. Esta abordagem não só acrescenta profundidade e autenticidade, como também sublinha o facto de a batalha contra as alterações climáticas ser um esforço coletivo, que exige a participação de todos os cidadãos.

Como leitor, a conclusão do livro deixa-nos inspirados e fortalecidos. O apelo à ação ressoa fortemente, encorajando-nos a todos a tornarmo-nos partes interessadas na busca da harmonia ambiental e de um futuro resiliente no Uganda. "Fostering Environmental Harmony" é um recurso vital não só para decisores políticos, investigadores e ambientalistas, mas também para todos os que procuram compreender a intrincada dança entre a humanidade e o planeta.

Em "Fostering Environmental Harmony", Isaac Christopher Lubogo elaborou uma narrativa perspicaz, inspiradora e profundamente envolvente. É um farol de conhecimento e esperança, guiando-nos para um futuro onde a coexistência harmoniosa entre a humanidade e a natureza não é apenas uma visão, mas uma realidade tangível.

Resumo:

Este livro fascinante mergulha no coração da luta do Uganda para navegar no complexo terreno das alterações climáticas, ao mesmo tempo que nutre os seus diversos ecossistemas. Através de uma mistura harmoniosa de exploração científica, anedotas da comunidade e perspectivas políticas, o livro desvenda as intrincadas relações entre as paisagens do Uganda e os desafios colocados por um clima em mudança. Cada capítulo revela uma faceta diferente desta viagem multifacetada, explorando os impactos na agricultura, nos recursos hídricos, na biodiversidade, na urbanização e muito mais. O livro é um farol de otimismo, mostrando como a resiliência, a inovação e a colaboração surgiram como ferramentas poderosas na busca do equilíbrio ambiental. Apela à cooperação internacional, às soluções tecnológicas e ao envolvimento das bases, oferecendo um roteiro para um futuro mais sustentável. Num mundo que procura caminhos para enfrentar as alterações climáticas, "Fostering Environmental Harmony" é um testemunho do potencial de transformação e do espírito indomável de uma nação que trabalha para salvaguardar o seu futuro num mundo em mudança.

Capítulo 1: Introdução

Preparar o terreno: Compreender a diversidade ecológica e as vulnerabilidades climáticas do Uganda.

O Uganda, muitas vezes referido como a "Pérola de África", é conhecido pela sua rica diversidade ecológica e pelas suas variadas regiões climáticas. Esta nação da África Oriental possui uma grande variedade de ecossistemas, que vão desde as florestas tropicais do Albertine Rift às savanas do Parque Nacional Rainha Isabel e aos ecossistemas de elevada altitude das Montanhas Rwenzori. No entanto, a biodiversidade e o equilíbrio ecológico únicos do Uganda estão cada vez mais ameaçados pelas alterações climáticas, o que coloca desafios significativos à sua sustentabilidade ambiental e ao seu desenvolvimento socioeconómico.

Diversidade ecológica

A diversidade ecológica do Uganda é uma componente vital do seu património natural e dos seus recursos económicos. A biodiversidade do país está entre as mais ricas de África, albergando mais de 18.783 espécies de flora e fauna, incluindo várias espécies endémicas e habitats críticos. O Albertine Rift, uma região de elevada biodiversidade, é particularmente notável pela sua elevada concentração de espécies endémicas. De acordo com Plumptre et al. (2007), só esta região alberga mais espécies de vertebrados do que qualquer outra eco-região em África.

Vulnerabilidades climáticas

O clima do Uganda é caracterizado por duas estações chuvosas, de março a maio e de setembro a novembro, com variações significativas devido à topografia e à localização geográfica. As alterações climáticas perturbaram estes padrões, levando a um aumento da frequência e intensidade de fenómenos meteorológicos extremos, como secas, inundações e deslizamentos de terras. Estudos indicam que o Uganda está a registar um aumento das temperaturas médias e padrões de precipitação mais imprevisíveis, agravando as vulnerabilidades dos sistemas humanos e naturais (NEMA, 2016).

Impacto na agricultura

A agricultura, que emprega cerca de 70% da população do Uganda, é altamente vulnerável às alterações climáticas. A variabilidade da precipitação e da temperatura afecta negativamente o rendimento das culturas, a segurança alimentar e os meios de subsistência. Por exemplo, as secas prolongadas na região de Karamoja conduziram a carências alimentares recorrentes, afectando mais de meio milhão de pessoas (FAO, 2017).

Perda de biodiversidade

As alterações climáticas também ameaçam a biodiversidade do Uganda. As alterações nos padrões de temperatura e precipitação afectam a distribuição e a sobrevivência das espécies. As montanhas Rwenzori, por exemplo, estão a sofrer um recuo glaciar, o que põe em perigo as espécies endémicas e reduz a disponibilidade de água para os ecossistemas a jusante e para as populações humanas (Taylor et al., 2006).

Quadros legislativos e políticos

Reconhecendo estes desafios, o Uganda desenvolveu um quadro legislativo e político robusto para promover a harmonia ambiental e mitigar os impactos das alterações climáticas. A Lei Nacional do Ambiente, de 2019, dá ênfase à gestão ambiental sustentável, à conservação dos recursos naturais e ao controlo da poluição. Além disso, a Política de Alterações Climáticas do Uganda (2015) define estratégias para melhorar a capacidade de adaptação e a resiliência aos impactos climáticos em vários sectores.

Normas e regulamentos de construção

A integração da resiliência climática nas normas e regulamentos de construção é um aspeto crítico da abordagem do Uganda ao desenvolvimento sustentável. O Código Nacional de Construção (Normas de Construção) estabelece requisitos para materiais de construção, conceção e práticas que têm em conta a variabilidade climática e promovem a eficiência energética. Por exemplo, a utilização de energia solar e de sistemas de recolha de águas pluviais é incentivada para reduzir a dependência de fontes de energia não renováveis e melhorar a segurança da água (National Building Review Board, 2019).

Adaptação de base comunitária

As estratégias de adaptação com base na comunidade são também fundamentais para aumentar a resistência às alterações climáticas. Programas como o Projeto de Adaptação Comunitária do Uganda (CBAP) capacitam as comunidades locais para implementarem medidas de adaptação, como práticas agrícolas sustentáveis, conservação do solo e da água e iniciativas de reflorestação. As provas empíricas destes projectos indicam uma maior produtividade agrícola, maior segurança alimentar e maior resiliência da comunidade (PNUD, 2014).

Evidências empíricas e estudos de caso

Vários estudos empíricos e estudos de caso destacam a eficácia da abordagem do Uganda à harmonia ambiental e à resiliência climática. Por exemplo, um estudo de Kakuru et al. (2013) sobre a recuperação de zonas húmidas na Bacia do Lago Vitória demonstrou melhorias significativas na biodiversidade, na qualidade da água e nos meios de subsistência da comunidade. Outro estudo de Turyahabwe et al. (2013) sobre a gestão florestal na região do Monte Elgon mostrou que as práticas de gestão florestal baseadas na comunidade conduziram a taxas de desflorestação reduzidas e a um maior sequestro de carbono.

O caminho do Uganda para promover a harmonia ambiental no meio das alterações climáticas é marcado pela sua rica diversidade ecológica e vulnerabilidades climáticas significativas. Ao alavancar um quadro legislativo abrangente, promover práticas de construção sustentáveis e capacitar as comunidades através de estratégias adaptativas, o Uganda está a dar passos em frente no sentido de salvaguardar o seu ambiente para as gerações futuras. As provas empíricas sublinham a importância de integrar a resiliência climática em todos os aspectos do planeamento do desenvolvimento, garantindo que o Uganda possa continuar a prosperar face às alterações climáticas.

Definição de ambiente
O termo ambiente pode ser literalmente definido como o meio ou as condições em que uma pessoa, um animal ou uma planta vive e funciona. Inclui os factores bióticos e abióticos que nos rodeiam. Vivemos num ambiente, que pode ser um ambiente natural, social ou construído. São as condições envolventes em que vivem os seres humanos, as plantas e os animais. Cada indivíduo existente no ambiente tem um impacto sobre ele, porque o ambiente também influencia o comportamento

de um indivíduo. Assim, pode afirmar-se claramente que os indivíduos e o ambiente estão relacionados e são complementares entre si. A existência do ambiente é significativa porque não só a vida humana, mas qualquer ser vivo não pode sobreviver sem ele. Proporciona beleza natural, mantém o equilíbrio da vida, apoia a cadeia alimentar e beneficia os seres vivos e as suas diversas actividades.[1][2][2][2] O complexo de factores físicos, químicos e bióticos (como o clima, o solo e os seres vivos) que actuam sobre um organismo ou uma comunidade ecológica e que, em última análise, determinam a sua forma e sobrevivência. [2] Ambiente é o conjunto dos factores físicos que rodeiam os seres humanos, incluindo a terra, a água, a atmosfera, o clima, o som, o odor, o sabor, os factores biológicos dos animais e das plantas e o fator social da estética, incluindo tanto o ambiente natural como o construído.[3]

Tipos de ambiente[4]

A classificação do ambiente divide-o, em termos gerais, em duas categorias - ambiente geográfico e ambiente criado pelo homem, sendo ambos os subconjuntos descritos abaixo no artigo.

Ambiente geográfico

O ambiente geográfico é o ambiente terrestre que é uma criação de condições naturais e ambientais complexas. Embora tenha surgido independentemente da humanidade, é o complemento da interação direta entre a natureza e a sociedade humana. O meio geográfico gira em torno de temas como a climatologia, a geologia, a biogeografia, etc. São aspectos directos da forma como a sociedade humana conceptualiza a geografia da Terra.[5]

O meio geográfico é também designado por meio natural, uma vez que interage com a natureza. A superfície terrestre, os rios, as montanhas, os desertos, a terra, a água, os oceanos, os vulcões, etc., são exemplos de ambiente natural.

Ambiente criado pelo homem[6]

O homem não pode viver diretamente no meio geográfico, pelo que cria algumas das suas condições ambientais para se adaptar a ele. Trata-se de um ambiente artificial ou criado pelo homem, uma criação humana. Um ambiente criado pelo homem é também designado por ambiente social. Tem dois tipos que são aqui

[1] https://www.vedantu.com/biology/types-of-environment
[2] https://www.merriam-webster.com/dictionary/environment
[3] Lei nacional do ambiente, capítulo 153
[4] https://www.vedantu.com/biology/types-of-environment
[5] https://www.vedantu.com/biology/types-of-environment
[6] https://www.vedantu.com/biology/types-of-environment

descritos.

- O ambiente interno

O ambiente interior é o ambiente social que perdura enquanto a sociedade o acarinhar. O ambiente interior tem um impacto profundo na vida dos seres humanos. O ambiente interior é frequentemente designado por "património social", pois é um fator importante para a existência, a vida e o desenvolvimento da humanidade. Está inteiramente dependente da influência social humana.

- O ambiente exterior[7]

O ambiente exterior é o ambiente físico que o homem criou por si próprio com a evolução da tecnologia e da ciência. É a modificação do ambiente físico que ajudou a fazer face ao progresso da humanidade e ao desenvolvimento do ambiente. Inclui infra-estruturas urbanas, casas, vários serviços prestados a nível social e individual, transportes e comunicações, e muito mais. Pode dizer-se que o ambiente exterior muda mais rapidamente do que o interior porque está nas mãos do homem e da sua tecnologia em evolução.

Compreender a diversidade ecológica e as vulnerabilidades climáticas do Uganda. A diversidade ecológica refere-se ao conjunto diversificado de ecossistemas que se observam numa grande localização geográfica.[8] A biodiversidade descreve a riqueza e a variedade da vida na Terra. É a caraterística mais complexa e importante do nosso planeta. Sem biodiversidade, a vida não se sustentaria.

O termo biodiversidade foi cunhado em 1985. É importante tanto nos ecossistemas naturais como nos artificiais. Trata-se da variedade da natureza, a biosfera. Refere-se às variabilidades entre plantas, animais e espécies de microorganismos.[9]

A biodiversidade inclui o número de organismos diferentes e as suas frequências relativas num ecossistema. Também reflecte a organização dos organismos a diferentes níveis.

A biodiversidade tem uma importância ecológica e económica. Fornece-nos alimentação, habitação, combustível, vestuário e vários outros recursos. Também extrai benefícios monetários através do turismo. Por conseguinte, é muito importante ter um bom conhecimento da biodiversidade para uma subsistência

[7] https://www.vedantu.com/biology/types-of-environment
[8] https://byjus.com/question-answer/what-is-ecological-diversity/
[9] https://byjus.com/biology/biodiversity/

sustentável.[10]

Tipos de biodiversidade[11]

Existem os seguintes três tipos diferentes de biodiversidade:

- Biodiversidade genética
- Espécies Biodiversidade
- Biodiversidade ecológica

a) Diversidade de espécies

A diversidade de espécies refere-se à variedade de diferentes tipos de espécies que se encontram numa determinada área. É a biodiversidade ao nível mais básico. Inclui todas as espécies, desde plantas a diferentes microorganismos.

Não há dois indivíduos da mesma espécie que sejam exatamente iguais. Por exemplo, os seres humanos apresentam uma grande diversidade entre si.

b) Diversidade genética

- Refere-se às variações entre os recursos genéticos dos organismos. Cada indivíduo de uma determinada espécie difere uns dos outros na sua constituição genética. É por isso que cada ser humano tem um aspeto diferente do outro. Da mesma forma, existem diferentes variedades da mesma espécie de arroz, trigo, milho, cevada, etc.

c) Diversidade ecológica

- Um ecossistema é um conjunto de organismos vivos e não vivos e a sua interação entre si. A biodiversidade ecológica refere-se às variações das espécies vegetais e animais que vivem em conjunto e estão ligadas por cadeias e teias alimentares.

- É a diversidade observada entre os diferentes ecossistemas de uma região. A diversidade em diferentes ecossistemas como os desertos, as florestas tropicais, os mangais, etc., inclui a diversidade ecológica.

Importância da Biodiversidade[12]

A biodiversidade e a sua manutenção são muito importantes para a manutenção da vida na Terra. Algumas das razões que explicam a importância da biodiversidade são:

Estabilidade ecológica

Cada espécie tem um papel específico num ecossistema. Captam e armazenam energia e produzem e decompõem matéria orgânica. O ecossistema suporta os serviços sem os quais os seres humanos não podem sobreviver. Um ecossistema

---

[10] Ibid
[11] Ibid
[12] https://byjus.com/biology/biodiversity/

diversificado é mais produtivo e pode resistir ao stress ambiental.

A biodiversidade é um reservatório de recursos para o fabrico de produtos alimentares, cosméticos e farmacêuticos.

As culturas, a pecuária, a pesca e as florestas são uma fonte rica de alimentos.

As plantas silvestres, como a cinchona e a dedaleira, são utilizadas para fins medicinais.

A madeira, as fibras, os perfumes, os lubrificantes, a borracha, as resinas, o veneno e a cortiça são todos derivados de diferentes espécies de plantas.

Os parques e santuários nacionais são uma fonte de turismo. São uma fonte de beleza e de alegria para muitas pessoas.

Importância ética

Todas as espécies têm o direito de existir. Os seres humanos não devem causar a sua extinção voluntária. A biodiversidade preserva as diferentes culturas e o património espiritual. Por conseguinte, é muito importante conservar a biodiversidade.

Diversidade das comunidades e dos ecossistemas[13]

A comunidade em biologia é definida como o conjunto de diferentes organismos e as suas interacções. Os organismos interagem uns com os outros através de relações simbióticas, incluindo mutualismos, parasitismo, competição e comensalismo. A diversidade dos ecossistemas é constituída por factores bióticos e abióticos, ao passo que uma comunidade apenas lida com factores bióticos ou vivos. Uma comunidade também pode ser definida como um subconjunto da diversidade do ecossistema.

Diversidade dos ecossistemas[14]

A biodiversidade e a geodiversidade combinam-se para formar uma diversidade de ecossistemas. A diversidade ecológica abrange os ecossistemas terrestres e aquáticos. A diversidade ecológica também descreve a variação na complexidade da comunidade biológica. Um melhor exemplo de diversidade ecológica é a variação presente nos desertos, zonas húmidas, oceanos e pradarias. Inclui também uma grande quantidade de diversidade genética e de espécies. A diversidade de um ecossistema depende das características físicas do ambiente circundante. Um ecossistema é também uma comunidade e é também um ambiente físico.

---

[13] https://unacademy.com/content/neet-ug/study-material/biology/community-and-ecosystem-diversity/
[14] https://unacademy.com/content/neet-ug/study-material/biology/community-and-ecosystem-diversity/

A diversidade dos ecossistemas descreve o número de nichos, níveis tróficos e vários processos ecológicos que sustentam o fluxo de energia, as teias alimentares e a reciclagem de nutrientes. Tem-se centrado em várias interacções bióticas

e o papel e a função das espécies-chave (espécies que determinam a capacidade de persistência de um grande número de outras espécies na comunidade).

Existem três perspectivas de diversidade ao nível da comunidade

Diversidade alfa (diversidade do índice, diversidade dentro da comunidade): Indica a diversidade dentro da comunidade. Refere-se à diversidade de organismos que partilham a mesma comunidade de habitat.

Diversidade beta (diversidade de índice, diversidade entre comunidades): É a biodiversidade que aparece numa gama de comunidades devido à substituição de espécies com as mudanças na comunidade/habitat devido à presença de diferentes microhabitats, nichos e diferença nas condições ambientais.

Diversidade gama (-índice de diversidade): Refere-se à diversidade dos habitats em toda a paisagem terrestre ou área geográfica.

Comunidade[15]
As populações de espécies que ocorrem naturalmente e ocorrem num determinado ambiente
(áreas geográficas) são comunidades. Por exemplo, podemos dizer que as espécies que se encontram apenas nos desertos e as espécies que se encontram debaixo da pedra quente são comunidades. Algumas comunidades são grandes e mais complexas, pelo que não podem ser claramente definidas. Entre estas incluem-se as comunidades de pântanos das planícies das Ilhas Britânicas, as florestas antigas da costa noroeste da América do Norte, etc.

Também se pode dizer que uma comunidade inclui apenas elementos bióticos, uma vez que se trata apenas de seres vivos. Os biólogos utilizam frequentemente a palavra comunidade como um subconjunto de organismos presentes numa grande comunidade.

Classificação da comunidade[16]
A comunidade é classificada com base no seu aspeto geral ou pode ser designada por fisionomia. Por exemplo, as comunidades podem ser classificadas como comunidades de recifes de coral e baseiam-se no aspeto desses recifes. Com base nas características físicas dos cursos de água, as comunidades de cursos de água são classificadas. Assim, as comunidades da zona de riffle e as comunidades de pool também estão presentes. Existe ainda um outro modo de classificação que é utilizado com mais frequência. Por exemplo, as comunidades de matagal

[15] Ibid
[16] https://unacademy.com/content/neet-ug/study-material/biology/community-and-ecosystem-diversity/

mediterrânico, a região do Noroeste Pacífico dos EUA, etc.

Existem essencialmente dois tipos de comunidades - a grande comunidade e a pequena comunidade. Uma comunidade que se auto-regula e é capaz de se sustentar é uma grande comunidade. Exemplos de grandes comunidades são as florestas, os prados, os lagos e as lagoas.

As comunidades que não se sustentam individualmente nem se auto-regulam são comunidades menores. Exemplos de comunidades menores incluem um conjunto de organismos que vivem num pedaço de madeira morta.

Factores que afectam a diversidade

É extremamente complexo encontrar os factores que afectam a diversidade de uma comunidade. Alguns factores ambientais que determinam a diversidade de uma comunidade são a temperatura, a luz solar, a disponibilidade de nutrientes orgânicos e inorgânicos, a precipitação, etc.

A perda de biodiversidade também está presente e deve-se a factores como a perda de habitat, as alterações climáticas decorrentes do aquecimento global, a pesca e a caça excessivas. A sobre-exploração humana e as espécies invasoras são responsáveis pela perda de biodiversidade. E em todos estes factores, os seres humanos desempenham um papel significativo nesta perda de biodiversidade.

Diversidade das comunidades e dos ecossistemas[17]

O estudo dos diferentes ecossistemas num determinado local e dos seus efeitos globais sobre o ambiente e os seres humanos em geral é a diversidade dos ecossistemas. Também diz respeito aos ecossistemas aquáticos e terrestres. Podemos também dizer que os ecossistemas contêm tanto elementos bióticos como abióticos, mas os elementos abióticos não estão presentes na categoria de comunidade. Alguns dos exemplos importantes da diversidade dos ecossistemas são as tundras, os prados, os desertos, as florestas tropicais, os ecossistemas marinhos e terrestres, responsáveis pela criação de um ambiente equilibrado. A comunidade biológica é o grupo interativo de organismos presentes num local comum que são apenas seres bióticos ou derivados de seres vivos. Um exemplo disto é uma floresta habitada por animais, bactérias e fungos.

Porque é que a variação entre espécies é essencial para a estabilidade do ecossistema?[18]

A estabilidade do ecossistema é a capacidade de um ecossistema para manter um estado estável, mesmo após a ocorrência de stress ou perturbação. A 'Teoria da Diversidade-Estabilidade' sugere que existem múltiplas relações entre diversidade e estabilidade. Esta teoria analisa a forma como definimos a estabilidade, consoante o cenário. Em cenários específicos, as características das espécies, e não a riqueza

---

[17] https://unacademy.com/content/neet-ug/study-material/biology/community-and-ecosystem-diversity/
[18] https://growjungles.com/ecological-diversity-and-its-role-in-nature/

de espécies, são a força motriz que estabiliza o sistema. Porquê? Bem, é mais provável que as comunidades biologicamente diversas contenham espécies que possuam características de resiliência para esse ecossistema. À medida que a comunidade acumula espécies, há uma maior probabilidade de qualquer uma delas ter as características que lhes permitem adaptar-se a um ambiente em mudança e, por conseguinte, atuar como um amortecedor para o ecossistema contra a perda de outras espécies. Esta hipótese é também conhecida como "hipótese do seguro".

O cenário alternativo define a estabilidade ao nível das espécies. Os conjuntos mais diversificados têm uma menor estabilidade a nível das espécies devido ao limite do número de indivíduos em cada comunidade. Devido a flutuações aleatórias, foi sugerido que é mais provável que uma determinada espécie se extinga localmente se o tamanho da população for pequeno e, por conseguinte, ao aumentar a diversidade nas comunidades, haverá uma maior probabilidade correspondente de desestabilizar o sistema.

Um ótimo exemplo de como podemos olhar para esta discussão sobre a estabilidade ao nível do ecossistema e a estabilidade ao nível das espécies foi demonstrado num estudo realizado por Tilman em 2005. As parcelas foram mondadas para evitar a invasão de novas espécies e a estabilidade do ecossistema foi medida como a estabilidade da produção primária ao longo de dez anos. Os investigadores descobriram que quanto maior era a diversidade das parcelas, mais estável era a produção ao longo do tempo. Em contrapartida, a estabilidade da população diminuiu nas parcelas mais diversificadas, sugerindo que um aumento da diversidade de espécies aumentaria a força a nível do ecossistema, mas correlacionar-se-ia negativamente com a estabilidade a nível das espécies.

O futuro face às flutuações ambientais[19]

A perda de biodiversidade nas próximas décadas continuará sem dúvida a verificar-se devido às alterações climáticas e a outras alterações ambientais provocadas pelo homem. Biodiversidade é um termo que pode ser analisado numa variedade de escalas diferentes. É o efeito na diversidade de espécies que desempenha um papel essencial nos ecossistemas em que as espécies locais e globais

A perda de recursos pode ameaçar a estabilidade dos serviços ecosistémicos dos quais os seres humanos dependem. Como já discutimos, a estabilidade pode ser definida de várias maneiras. Designada como 'a resistência de um sistema', esta definição de um sistema estável considera um sistema com baixa variabilidade apesar das mudanças nas condições ambientais e indica a capacidade de um ecossistema regressar ao seu estado original após uma perturbação.

Nos últimos 50 anos, os seres humanos alteraram os ecossistemas de forma mais rápida e extensiva do que em qualquer outro período comparável da história da humanidade, em grande parte para satisfazer a procura crescente de alimentos, água

[19] https://growjungles.com/ecological-diversity-and-its-role-in-nature/

doce, madeira, fibras e combustível. Este facto resultou numa perda substancial e em grande parte irreversível da diversidade da vida na Terra.

Com a perda de biodiversidade na Terra a ser considerada uma ameaça significativa para os ecossistemas e o bem-estar humano, foram lançadas políticas às escalas global, continental e regional para travar a perda de biodiversidade. No entanto, foi sugerido que são necessários mais desenvolvimentos, tais como uma conceção abrangente e normalizada, a fim de comparar diferentes áreas e ecossistemas e, por conseguinte, ajudar a desenvolver indicadores de biodiversidade ligados aos níveis de diversidade genética, de espécies, de populações e de comunidades. Por sua vez, a identificação de limiares fiáveis para os serviços ecossistémicos poderá ajudar a manter os serviços a um nível exigido pela sociedade.

Conclusão[20]

A diversidade da comunidade e do ecossistema são dois temas importantes e distintos da biologia. A comunidade é também designada como um subconjunto da diversidade do ecossistema, uma vez que uma comunidade faz parte da diversidade do ecossistema. O conjunto dos seres vivos presentes num deserto pode ser designado por comunidade.

A diversidade do ecossistema contém tanto os seres vivos como os não vivos e as interacções neles presentes. Representa também a variabilidade presente numa determinada área e a sua interação com várias flutuações ambientais. O aumento da população e o desenvolvimento exigem mais áreas industriais, a extensão das actuais vilas e cidades, mais áreas para a agricultura, novas estradas, canais, barragens, etc. Todas estas actividades resultam na destruição do habitat natural ou na perda de habitat. A destruição do habitat é a principal causa de extinção das espécies.

Os sistemas ecológicos são extraordinariamente complexos. Com um ecossistema muitas vezes composto por milhares de espécies diferentes num único hectare, estes sistemas locais estão fortemente ligados e integrados em entidades mais extensas e mais complexas que constituem as nossas paisagens e se estendem a biosferas inteiras. Estas biosferas exercem uma influência significativa sobre as propriedades físicas e químicas do nosso planeta. [21]

Factos sobre a biodiversidade
Estado e tendências da biodiversidade, incluindo os benefícios da biodiversidade e dos serviços ecossistémicos[22]

[20] https://unacademy.com/content/neet-ug/study-material/biology/community-and-ecosystem-diversity/
[21] https://growjungles.com/ecological-diversity-and-its-role-in-nature/
[22] https://www.cbd.int/countries/profile/?country=ug

O Uganda é um país sem litoral localizado onde convergem sete das regiões biogeográficas de África, o que o torna um país com um elevado nível de biodiversidade. Apesar da sua pequena dimensão, o Uganda possui uma extraordinária diversidade de habitats terrestres e aquáticos. O rio Nilo atravessa o país, pontuado por várias quedas de água, como as quedas de Bujagali, Karuma e Murchison. Os ecossistemas vão desde as montanhas cobertas de neve

Os picos das montanhas Rwenzori, os vulcões Virunga e o monte Elgon, as florestas montanhosas de grande altitude, as águas abertas do lago Vitória, do lago Mburo, do lago Bunyonyi, do lago Kwania, do lago Wamala, do lago Mutanda, do lago Nabugabo, do lago Katunga, do lago Nyabihoko, do lago Nakivale, do lago Marebe, do lago Kijanibarora, do lago Nkugute, do lago George, do lago Edward, do lago Kyoga, do lago Albert, do lago Opeta e do lago Bisina. Os principais rios do país são: Rio Nilo, Rio Aswa, Rio Katonga, Rio Nkusi, Rio Kafu, Rio Rwizi, Rio Kagera, Rio Mpanga, Rio Manafwa, Rio Mpologoma, Rio Semliki, Rio Mubuku, Rio Mayanja, Rio Sezibwa, Rio Malaba, Rio Sipi, Rio Namatala, Rio Sironko, Rio Muzizi e Rio Nabuyonga. As ilhas incluem as ilhas do Lago Vitória e Bunyonyi. No país, as terras agrícolas são as mais extensas, seguidas dos prados, das florestas, das massas de água, das terras de mato e das florestas tropicais de altitude.

Com um registo de 18 783 espécies de fauna e flora, o Uganda encontra-se entre os dez países com maior biodiversidade a nível mundial. Alberga 53,9% (400 indivíduos) da população mundial remanescente de gorilas de montanha, 11% (1057 espécies) das espécies de aves registadas no mundo (50% da riqueza de espécies de aves de África), 7,8% (345 espécies) da diversidade global de mamíferos (39% da riqueza de mamíferos de África), 19% (86 espécies) da riqueza de espécies de anfíbios de África e 14% (142 espécies) da riqueza de espécies de répteis de África, 1249 espécies de borboletas registadas e 600 espécies de peixes. Além disso, o Uganda alberga sete dos 18 reinos vegetais de África (mais do que qualquer outro país africano) e a sua diversidade biológica é uma das mais elevadas do continente.

Em geral, a população de grandes mamíferos é estável. O tamanho da população está mesmo a aumentar para alguns taxa (por exemplo, o elande comum) e a diminuir para outros (por exemplo, o búfalo). Das espécies de aves do país, 15 estão em perigo e 11 são vulneráveis; várias espécies estão classificadas como ameaçadas a nível global (por exemplo, o calau *B. rex,* o grou-coroado *B. regulorum)* e regional (por exemplo, a garça nocturna de dorso branco *G. Ieuconotos,* a garça-real *A. rufiventris).*[23]

Estima-se que a contribuição anual dos serviços ecossistémicos tenha diminuído de 5 097 milhões de dólares em 2005 para 4 405 milhões de dólares em 2010, devido principalmente à desflorestação. O coberto florestal diminuiu de 50 % (12,1

---

[23] https://www.cbd.int/countries/profile/?country=ug

milhões de hectares) da superfície terrestre total em 1900 para uma estimativa de 2,97 milhões de hectares em 2012. A cobertura de zonas húmidas também diminuiu, passando de 15,6% em 1994 para 10,9% atualmente. Ao longo dos últimos 20 anos, o peixe e os produtos da pesca surgiram como o segundo maior grupo de exportações agrícolas, a seguir ao café (a cultura de rendimento mais importante do Uganda). O sector das pescas enfrenta, no entanto, desafios, tendo as exportações globais para os mercados internacionais diminuído recentemente de forma acentuada (de 39 201 toneladas em 2005 para cerca de 15 417 toneladas em 2010), principalmente devido ao declínio das capturas, à diminuição das unidades populacionais, à sobrepesca e à expansão dos mercados regionais. Os potenciais impactos negativos das alterações climáticas sobre a produção de café estão a ser considerados mais seriamente. Prevê-se agora que o ecoturismo se torne o pilar da economia, contribuindo com o maior contributo entre os sectores em termos de receitas em divisas, receitas fiscais e não fiscais, emprego e para o PIB no seu conjunto.

Foram descobertos petróleo e gás na região de Albertine Graben, um hotspot de biodiversidade, prevendo-se que a produção tenha início em 2018.

Principais pressões e factores de alteração da biodiversidade (directos e indirectos)[24]
As ameaças à biodiversidade são identificadas como invasão (prevalecente em todos os tipos de áreas protegidas); conflitos entre humanos e animais selvagens; pastoreio ilegal em parques nacionais; caça furtiva e comércio ilícito de animais selvagens; uso de pesca destrutiva

artes e tecnologias; desflorestação; urbanização e industrialização; introdução de espécies exóticas; invasão de zonas húmidas; drenagem de zonas húmidas; substituição de variedades de culturas locais por variedades comerciais introduzidas; perda de outras espécies indígenas encontradas em áreas cultivadas; pobreza; introdução de novas raças; substituição sistemática de raças e transformação genética irracional.

Medidas para reforçar a aplicação da Convenção
Implementação da NBSAP[25]
A primeira NBSAP do Uganda (NBSAP1) foi concluída em 2002. A sua implementação foi bem sucedida no estabelecimento de um Programa de Trabalho da CDB sobre Áreas Protegidas; na formulação de regulamentos sobre ABS; na preparação de uma Estratégia e Plano de Ação Nacionais sobre Espécies Invasoras; na operacionalização de um CHM nacional; no estudo do financiamento da biodiversidade e no desenvolvimento de Directrizes e Planos de Ação para o Financiamento da Biodiversidade; estudo do papel dos conhecimentos e práticas

[24] Ibid
[25] https://www.cbd.int/countries/profile/2country=ug

indígenas na conservação das plantas medicinais; estudo da avaliação das necessidades em termos de capacidade taxonómica; desenvolvimento de directrizes para a produção sustentável de biocombustíveis; determinação de valores para a contribuição do sector florestal para a economia nacional; e inclusão da implementação da EPANB no Plano de Desenvolvimento Nacional II (2015/16-2019/20).[26]

Estão atualmente em curso actividades para rever e atualizar a NBSAP, com conclusão prevista para o final de dezembro de 2015. A NBSAP2 abordará a implementação dos objectivos nacionais de biodiversidade desenvolvidos no âmbito do quadro global, bem como questões novas e emergentes, como as alterações climáticas, o petróleo e o gás, a taxonomia, os contratos públicos ecológicos e a poluição. A "Visão 2040" do Uganda e o Plano de Desenvolvimento Nacional também serão integrados no NBSAP2.

Acções tomadas para atingir as metas de biodiversidade de Aichi para 2020

O Uganda estabeleceu objectivos nacionais em matéria de biodiversidade no âmbito do quadro fornecido pelos Objectivos de Biodiversidade de Aichi (ver http://www.cbd.int/countries/targets/?country=ug).

Mecanismos de apoio à implementação nacional (legislação, financiamento, reforço de capacidades, coordenação, integração, etc.)[27]
Desde que o quarto relatório nacional foi preparado em 2009, as seguintes políticas e leis adicionais relevantes foram desenvolvidas e revistas para integrar questões novas e emergentes: Política de Vida Selvagem do Uganda (2014); Projeto de Lei do Centro de Educação sobre a Vida Selvagem do Uganda (2013); Projeto de Lei do Instituto Nacional de Investigação e Formação sobre a Vida Selvagem (2013); Projeto de Lei Nacional sobre Biotecnologia e Biossegurança (2012); Política Nacional de Utilização dos Solos (2011); Projeto de Lei sobre Proteção das Plantas e Saúde (2010); e a Política Nacional de Petróleo e Gás do Uganda (2008), Projeto de Lei Nacional sobre o Ambiente de 2015.

Registaram-se progressos significativos na integração da biodiversidade no Plano de Desenvolvimento Nacional e na "Visão 2040". O atual PDN está a ser revisto, o que constitui uma oportunidade para reforçar o investimento no sector do ambiente e dos recursos naturais (ENR), incluindo a gestão florestal.[28]

O Uganda desenvolveu uma Política Nacional de Alterações Climáticas e um Programa de Ação Nacional de Adaptação (NAPA), com as ligações entre as alterações climáticas e a biodiversidade destacadas nestes documentos. O

A Estratégia Nacional REDD+ também foi finalizada e enfatiza principalmente a

[26] https://www.cbd.int/countries/profile/?country=ug
[27] https://www.cbd.int/countries/profile/?country=ug
[28] Ibid

conservação e restauração florestal em terras públicas e privadas.

O Ministério das Finanças está continuamente empenhado na mobilização de recursos para o financiamento da biodiversidade, tendo as dotações orçamentais para a conservação da biodiversidade aumentado desde 2005-2006. Contudo, os estudos revelam que subsistem lacunas de financiamento significativas, sobretudo no sector agrícola.

Em dezembro de 2012, foi desenvolvido e lançado um mecanismo nacional de intercâmbio de informações, que constituiu um enorme marco em termos de partilha de informações entre as partes interessadas a nível nacional e mundial.[29]

A implementação da NBSAP é efectuada em estreita colaboração com outros MEA, tais como a UNFCCC, UNFCCD, CMS, UNESCO, CITES, Ramsar, Biossegurança, ITPGRFA, entre outros.

Para enfrentar o novo desafio relacionado com as actividades de exploração de petróleo e gás na região de Albertine Graben (um hotspot de biodiversidade), foi desenvolvida uma Avaliação Ambiental Estratégica (AAE) para a região. Foram também elaborados e estão a ser implementados um plano de monitorização ambiental e o Atlas de Sensibilidade de Albertine (que abrange a biodiversidade). O Governo do Uganda está a trabalhar em estreita colaboração com as empresas petrolíferas para estabelecer uma base de referência que constituirá a base para a monitorização do estado e das tendências das espécies e dos ecossistemas quando a refinaria de petróleo começar a funcionar, como previsto em 2018.

O corte de árvores de manteiga de carité para a produção de carvão vegetal está a ameaçar a árvore de extinção. Uma diretiva de Sua Excelência o Presidente foi fundamental para proteger a árvore e para estimular o desenvolvimento de uma Estratégia Nacional para a Proteção e Utilização Sustentável das Árvores de Manteiga de Carité, que deverá estar concluída em 2015. O Governo assegurou um financiamento do GEF ao abrigo da área focal de biodiversidade do GEF5 para um projeto sobre a "Conservação e utilização sustentável da floresta de savana ameaçada na paisagem crítica de Kidepo (KCL) no projeto do nordeste do Uganda". O objetivo do projeto é "Conservar a biodiversidade e os valores do ecossistema da KCL para proporcionar fluxos de benefícios sustentáveis a nível local, nacional e global através de uma capacidade operacional reforçada e de abordagens de planeamento funcional da paisagem, enquanto o seu objetivo é "Proteger a biodiversidade da KCL no nordeste do Uganda das ameaças existentes e emergentes". O projeto tem uma componente de proteção das árvores de manteiga de carité e de valorização através do apoio a iniciativas comunitárias locais de valorização de produtos à base de carité. O projeto baseia-se nos esforços iniciados

---

[29] https://www.cbd.int/countries/profile/?country=ug

pelo Governo e espera-se que reduza o corte das árvores de carité.[30]

Mecanismos de controlo e revisão da execução[31]

O Uganda estabeleceu um objetivo nacional para desenvolver uma Estratégia de Monitorização e Avaliação para a Implementação da NBSAP até 2015 (este objetivo foi mapeado para o Objetivo 17 da Biodiversidade de Aichi). Cada meta de Aichi foi atribuída a instituições específicas para liderar a sua implementação e estas são designadas por Campeões de Metas. Além disso, a NBSAP revista tem um plano de trabalho que mostra as actividades e os custos. Espera-se que estas medidas permitam à NEMA efetuar o acompanhamento e a avaliação do progresso na implementação do NBSAP2.[32]

Vulnerabilidade climática

Ser vulnerável é ser "suscetível de receber feridas ou lesões físicas". [33] A expressão "vulnerabilidade climática" levanta uma questão imediata: o que é que pode ser ferido? O clima pode ser afetado pelas acções ou alterações dos sistemas naturais e sociais. Ou os sistemas naturais e sociais sofrem os impactes das alterações climáticas. Ou a frase pode significar ambas as interpretações.[34]

A urgência de abordar as alterações climáticas para o futuro sustentável do Uganda.

O clima da Terra está a mudar e prevê-se que o clima global continue a mudar ao longo deste século e para além dele. A magnitude das alterações climáticas para além das próximas décadas dependerá principalmente da quantidade de gases com efeito de estufa (que retêm o calor) emitidos a nível mundial e da incerteza que subsiste quanto à sensibilidade do clima da Terra a essas emissões. Com reduções significativas das emissões de gases com efeito de estufa (GEE), o aumento da temperatura média anual global poderia ser limitado a 2°C ou menos. No entanto, sem reduções significativas dessas emissões, o aumento das temperaturas médias anuais globais, relativamente à época pré-industrial, poderá atingir 5°C ou mais até ao final deste século.[35]

O clima global continua a mudar rapidamente em comparação com o ritmo das variações naturais do clima que ocorreram ao longo da história da Terra. As tendências da temperatura média global, da subida do nível do mar, do teor de calor do oceano superior, da fusão do gelo terrestre, do gelo marinho ártico, da profundidade do degelo sazonal do permafrost e de outras variáveis climáticas fornecem provas consistentes de um planeta em aquecimento. Estas tendências observadas são robustas e confirmadas por vários grupos de investigação

[30] Ibid
[31] https://www.cbd.int/countries/profile/?country=ug
[32] Ibid
[33] Dicionário Oxford de Inglês
[34] https://link.springer.com/referenceworkentry/10.1007/1-4020-3266-8_50
[35] https://climateknowledgeportal.worldbank.org/overview

independentes em todo o mundo.[36]

As observações do sistema climático baseiam-se em medições físicas e biogeoquímicas directas e na deteção remota a partir de estações terrestres e satélites. A informação proveniente de arquivos paleoclimáticos fornece um contexto a longo prazo dos climas passados. São utilizados diferentes tipos de provas ambientais para compreender como era o clima da Terra no passado e porquê. Os registos das condições climáticas históricas estão preservados nos anéis das árvores, presos nos esqueletos dos recifes de coral tropicais, selados nos glaciares e calotes polares e enterrados em sedimentos laminados de lagos e do oceano. Os cientistas podem utilizar estes registos ambientais para estimar as condições do passado, alargando a nossa compreensão do clima a centenas ou milhões de anos atrás. As observações à escala global da era instrumental tiveram início em meados do século XIX e as reconstruções paleoclimáticas estendem o registo de algumas quantidades a centenas ou milhões de anos atrás. No seu conjunto, estes elementos proporcionam uma visão global da variabilidade e das alterações a longo prazo na atmosfera, nos oceanos, na criosfera e na superfície terrestre.

Paleoclima[37]

As reconstruções a partir de arquivos paleoclimáticos permitem que as alterações actuais na composição atmosférica, no nível do mar e nos sistemas climáticos (incluindo fenómenos extremos como secas e inundações), bem como as projecções de climas futuros, sejam colocadas numa perspetiva mais ampla da variabilidade climática passada. As informações sobre o clima passado também documentam o comportamento de componentes lentas do sistema climático, incluindo o ciclo do carbono, os mantos de gelo e o oceano profundo, cujos registos instrumentais são curtos em comparação com as suas escalas temporais características de

respostas a perturbações, informando assim sobre os mecanismos de alterações abruptas e irreversíveis. Os registos climáticos dos últimos séculos e milénios indicam que as temperaturas médias nas últimas décadas em grande parte do mundo foram muito mais elevadas e aumentaram mais rapidamente durante este período do que em qualquer outro momento para o qual se possa reconstruir a distribuição histórica global das temperaturas à superfície.[38]

O paleoclima pode ajudar-nos a compreender as alterações climáticas a uma escala de tempo geológica e não a algumas gerações humanas.

O clima da Terra está agora a mudar mais rapidamente do que em qualquer outro momento da história conhecida do clima, principalmente em resultado das actividades humanas. Existe um consenso científico de que as emissões de carbono

[36] Ibid
[37] Ibid
[38] https://climateknowledgeportal.worldbank.org/overview

não mitigadas conduzirão a um aquecimento global de, pelo menos, vários graus Celsius até 2100, resultando em riscos locais, regionais e globais de grande impacto para a sociedade humana e os ecossistemas naturais. As alterações climáticas globais já provocaram uma vasta gama de impactos em todas as regiões da Terra, bem como em muitos sectores económicos.

Os impactos relacionados com as alterações climáticas são evidentes em todas as regiões e em muitos sectores importantes para a sociedade, como a saúde humana, a agricultura e a segurança alimentar, o abastecimento de água, os transportes, a energia, a biodiversidade e os ecossistemas; prevê-se que os impactos se tornem cada vez mais perturbadores nas próximas décadas. Existe um elevado grau de confiança de que a frequência e a intensidade de fenómenos extremos de calor e precipitação intensa estão a aumentar na maioria das regiões continentais do mundo. Estas tendências são coerentes com as respostas físicas esperadas a um clima mais quente. É praticamente certo que a frequência e a intensidade dos fenómenos extremos de temperatura elevada aumentarão no futuro, à medida que a temperatura global aumentar. Existe um elevado grau de confiança de que os fenómenos extremos de precipitação continuarão muito provavelmente a aumentar em frequência e intensidade na maior parte do mundo. As tendências observadas e projectadas para outros tipos de fenómenos extremos, como inundações, secas e tempestades graves, têm características regionais mais variáveis.

O que são as alterações climáticas[39]

As alterações observadas ao longo do século XX incluem o aumento da temperatura global do ar e dos oceanos, a subida do nível global do mar, a redução generalizada e sustentada a longo prazo do manto de neve e gelo e alterações na circulação atmosférica e oceânica, bem como nos padrões meteorológicos regionais, que influenciam as condições sazonais de precipitação. Estas alterações são causadas pelo aumento do calor no sistema climático devido à adição de gases com efeito de estufa à atmosfera. Estes gases com efeito de estufa adicionais são principalmente introduzidos pelas actividades humanas, como a queima de combustíveis fósseis (carvão, petróleo e gás natural), a desflorestação, a agricultura e as alterações na utilização dos solos. Estas actividades aumentam a quantidade de gases com efeito de estufa que "retêm o calor" na atmosfera. O padrão das alterações observadas no sistema climático é consistente com um aumento do efeito de estufa. Outras influências climáticas, como os vulcões, o sol e a variabilidade natural, não podem, por si só, explicar o momento e a extensão das alterações observadas.

Clima, refere-se à média regional ou global a longo prazo dos padrões de temperatura, humidade e precipitação ao longo das estações, anos ou décadas.[40]

Enquanto o tempo pode mudar em apenas algumas horas, o clima muda durante

---

[39] Ibid
[40] https://climateknowledgeportal.worldbank.org/overview

períodos de tempo mais longos. **As alterações climáticas** são a variação significativa das condições meteorológicas médias, que se tornam, por exemplo, mais quentes, mais húmidas ou mais secas.

durante várias décadas ou mais. *É a tendência a mais longo prazo que diferencia as alterações climáticas da variabilidade meteorológica natural.*

A atividade humana conduz a alterações na composição atmosférica, quer diretamente (através de emissões de gases ou partículas) quer indiretamente (através da química atmosférica). As emissões antropogénicas conduziram às alterações nas concentrações de WMGHG durante a Era Industrial. O forçamento radiativo (FR) é uma medida da alteração líquida no balanço energético do sistema terrestre em resposta a uma perturbação externa; um FR positivo conduz a um aquecimento e um FR negativo a um arrefecimento. O conceito de FR é valioso para comparar a influência na temperatura média global da superfície da maioria dos agentes individuais que afectam o balanço de radiação da Terra.[41]

O Uganda, conhecido pela sua rica biodiversidade e variedade ecológica, enfrenta desafios significativos devido às alterações climáticas. Os ecossistemas desta nação da África Oriental vão desde as florestas tropicais do Albertine Rift até às savanas e ambientes de elevada altitude, cada um deles albergando espécies e processos ecológicos únicos. No entanto, estes tesouros naturais estão cada vez mais ameaçados pelas alterações climáticas, exigindo uma resposta robusta e multifacetada para garantir a harmonia e a sustentabilidade ambientais.

Diversidade ecológica

A diversidade ecológica do Uganda é notável. O país alberga mais de 18.783 espécies de flora e fauna, incluindo muitas que são endémicas da região. O Albertine Rift, em particular, é um hotspot de biodiversidade, com uma elevada concentração de espécies endémicas. Plumptre et al. (2007) salientam que esta área,

---

[41] https://climateknowledqeportal.worldbank.orq/overview

por si só, suporta mais espécies de vertebrados do que qualquer outra eco-região em África, enfatizando a sua importância ecológica global.

Vulnerabilidades climáticas

O clima do Uganda é caracterizado por duas estações chuvosas principais e zonas climáticas variáveis devido à sua topografia diversificada. No entanto, as alterações climáticas levaram à alteração dos padrões meteorológicos, resultando no aumento da frequência e intensidade de fenómenos meteorológicos extremos, como secas, inundações e deslizamentos de terras. Estas alterações representam riscos significativos para os sistemas naturais e humanos do Uganda (NEMA, 2016).

Impacto na agricultura

A agricultura, que emprega cerca de 70% da população do Uganda, é altamente suscetível à variabilidade climática. As alterações dos padrões de precipitação e das temperaturas afectam diretamente o rendimento das culturas e a segurança alimentar. Por exemplo, a região de Karamoja tem enfrentado secas prolongadas que conduzem a carências alimentares recorrentes, afectando mais de meio milhão de pessoas (FAO, 2017).

Perda de biodiversidade

As alterações climáticas também ameaçam a biodiversidade do Uganda. A alteração dos padrões de temperatura e precipitação afecta a distribuição e a sobrevivência das espécies. As Montanhas Rwenzori, que sofrem um recuo glaciar, representam riscos para as espécies endémicas e reduzem a disponibilidade de água para os ecossistemas a jusante e para as populações humanas (Taylor et al., 2006).

Quadros legislativos e políticos

O Uganda desenvolveu quadros legislativos e políticos abrangentes para enfrentar os desafios ambientais e climáticos. Estes quadros têm por objetivo promover a gestão ambiental sustentável, a conservação e a resistência às alterações climáticas.

Lei Nacional do Ambiente, 2019

A Lei Nacional do Ambiente dá ênfase à gestão sustentável dos recursos naturais, ao controlo da poluição e à conservação do ambiente. Fornece uma base jurídica para proteger os diversos ecossistemas do Uganda e promover práticas de desenvolvimento sustentável.

Política em matéria de alterações climáticas, 2015

A política do Uganda em matéria de alterações climáticas define estratégias para aumentar a capacidade de adaptação e a resiliência em vários sectores. Esta política promove a integração das considerações relativas às alterações climáticas nos planos e políticas nacionais de desenvolvimento, assegurando uma abordagem coordenada dos esforços de atenuação e adaptação.

Normas e regulamentos de construção

A integração da resiliência climática nas normas e regulamentos relativos à construção é crucial para o desenvolvimento sustentável. O Código Nacional de Construção (Normas de Construção) estabelece requisitos para materiais de construção, conceção e práticas que têm em conta a variabilidade climática e promovem a eficiência energética. Por exemplo, o código incentiva a utilização de energia solar e de sistemas de recolha de águas pluviais para reduzir a dependência de fontes de energia não renováveis e melhorar a segurança da água (National Building Review Board, 2019).

Adaptação de base comunitária

As estratégias de adaptação com base na comunidade são essenciais para aumentar a resistência às alterações climáticas. Programas como o Projeto de Adaptação de Base Comunitária do Uganda (CBAP) capacitam as comunidades locais para implementarem medidas de adaptação, como práticas agrícolas sustentáveis, conservação do solo e da água e iniciativas de reflorestação. As provas empíricas indicam que estes projectos melhoram a produtividade agrícola, reforçam a segurança alimentar e aumentam a resiliência da comunidade (PNUD, 2014).

Evidências empíricas e estudos de caso

Vários estudos empíricos e estudos de caso destacam a eficácia da abordagem do Uganda para promover a harmonia ambiental e a resiliência climática. Por exemplo, um estudo de Kakuru et al. (2013) sobre a recuperação de zonas húmidas na Bacia do Lago Vitória demonstrou melhorias significativas na biodiversidade, na qualidade da água e nos meios de subsistência da comunidade. Outro estudo de Turyahabwe et al. (2013) sobre a gestão florestal na região do Monte Elgon mostrou que as práticas de gestão florestal baseadas na comunidade conduziram a taxas de desflorestação reduzidas e a um maior sequestro de carbono.

Conclusão

O caminho do Uganda para promover a harmonia ambiental no meio das alterações climáticas é caracterizado pela sua rica diversidade ecológica e vulnerabilidades climáticas significativas. Através de quadros legislativos abrangentes, práticas de construção sustentáveis e capacitação da comunidade, o Uganda está a dar passos em frente no sentido de salvaguardar o seu ambiente para as gerações futuras. As provas empíricas sublinham a importância de integrar a resiliência climática em todos os aspectos do planeamento do desenvolvimento, assegurando que o Uganda possa prosperar face às alterações climáticas.

A urgência de abordar as alterações climáticas para o futuro sustentável do Uganda.

A urgência de abordar as alterações climáticas para o futuro sustentável do Uganda

Introdução

O Uganda enfrenta uma conjuntura crítica à medida que as alterações climáticas afectam cada vez mais o seu ambiente, a sua economia e a sua sociedade. A urgência de abordar as alterações climáticas é fundamental para garantir o futuro sustentável do Uganda. Este debate examina os efeitos profundos das alterações climáticas no Uganda e salienta a necessidade de uma ação imediata e sustentada.

O impacto das alterações climáticas no Uganda

Impacto ambiental

Os diversos ecossistemas do Uganda, que vão desde as florestas tropicais às savanas e zonas húmidas, são altamente vulneráveis às alterações climáticas. O país registou mudanças significativas nos padrões meteorológicos, incluindo o aumento das temperaturas, a irregularidade da precipitação e fenómenos meteorológicos extremos mais frequentes e graves, como inundações e secas.

Perda de biodiversidade: As alterações climáticas ameaçam a rica biodiversidade do Uganda. A alteração dos padrões de temperatura e precipitação afecta a distribuição e a sobrevivência de várias espécies. O Rift Albertino, onde vivem numerosas espécies endémicas, está particularmente em risco. Estudos indicam que o aumento das temperaturas e a alteração dos padrões de precipitação podem levar à perda de habitat e à extinção de espécies (Plumptre et al., 2007).

Recursos hídricos: Os recursos hídricos do Uganda estão sujeitos a uma pressão significativa devido às alterações climáticas. A diminuição dos glaciares nas montanhas Rwenzori, por exemplo, reduz a disponibilidade de água para os rios e lagos, que são cruciais tanto para o consumo humano como para a agricultura (Taylor et al., 2006).

Impacto socioeconómico

Agricultura e segurança alimentar: A agricultura, que é a espinha dorsal da economia do Uganda, empregando cerca de 70% da população, é altamente sensível à variabilidade climática. A precipitação irregular e as secas prolongadas já conduziram a quebras de colheitas e à escassez de alimentos, nomeadamente em regiões como Karamoja (FAO, 2017).

Saúde: As alterações climáticas agravam os problemas de saúde no Uganda. O aumento das temperaturas e as inundações criam condições favoráveis à propagação de doenças como a malária e a cólera. A Organização Mundial de Saúde (OMS) registou um aumento das doenças sensíveis ao clima na região, sublinhando a necessidade de infra-estruturas de saúde robustas (OMS, 2018).

Custos económicos: Os custos económicos das alterações climáticas são significativos. Os danos nas infra-estruturas provocados por fenómenos meteorológicos extremos, a redução da produtividade agrícola e o aumento dos custos dos cuidados de saúde representam um pesado encargo para a economia do Uganda. O Banco Mundial estima que as alterações climáticas poderão custar ao Uganda entre 2% e 4% do seu PIB anualmente até 2030, se não forem tomadas medidas de mitigação (Banco Mundial, 2020).

Quadros políticos e legislativos

O Uganda reconheceu a urgência de enfrentar as alterações climáticas através de várias medidas políticas e legislativas.

Política de alterações climáticas, 2015: Esta política define estratégias para aumentar a resiliência do Uganda às alterações climáticas. Salienta a integração de considerações sobre as alterações climáticas nos planos nacionais de desenvolvimento e promove práticas sustentáveis em todos os sectores.

Lei Nacional do Ambiente, 2019: Esta lei fornece um quadro abrangente para a gestão ambiental, enfatizando a utilização sustentável dos recursos naturais, o controlo da poluição e os esforços de conservação. É um instrumento fundamental para a aplicação de medidas de atenuação e adaptação às alterações climáticas.

Código Nacional de Construção (Normas de Construção): O código de construção inclui disposições para práticas de construção resistentes ao clima, tais como projectos energeticamente eficientes, sistemas de recolha de águas pluviais e a utilização de materiais sustentáveis. Estas normas são cruciais para reduzir a pegada ambiental do sector da construção.

Adaptação de base comunitária

As estratégias de adaptação baseadas na comunidade são essenciais para criar resiliência ao nível das bases. Programas como o Projeto de Adaptação com Base na Comunidade (CBAP) do Uganda capacitam as comunidades locais para implementarem medidas de adaptação adaptadas às suas necessidades e vulnerabilidades específicas. Estas iniciativas incluem práticas agrícolas sustentáveis, conservação do solo e da água e projectos de reflorestação (PNUD, 2014).

Evidências empíricas: As provas empíricas mostram que os projectos de adaptação baseados na comunidade aumentam significativamente a resiliência. Por exemplo, um estudo de Kakuru et al. (2013) sobre a restauração de zonas húmidas na bacia do Lago Vitória demonstrou melhorias na biodiversidade, na qualidade da água e nos meios de subsistência da comunidade.

Inovações tecnológicas e energias renováveis

Energias renováveis: A transição para fontes de energia renováveis é vital para reduzir as emissões de gases com efeito de estufa e garantir a segurança energética. O Uganda tem um potencial significativo para as energias renováveis, nomeadamente a energia solar e a energia hidroelétrica. Os investimentos nestes sectores podem atenuar os efeitos das alterações climáticas, proporcionando simultaneamente soluções energéticas sustentáveis.

Agricultura inteligente face ao clima: As práticas agrícolas inteligentes do ponto de vista climático, como a agricultura de conservação, a agro-silvicultura e a utilização de variedades de culturas resistentes à seca, podem ajudar os agricultores a adaptarem-se às condições climáticas em mudança. Estas práticas não só aumentam a segurança alimentar como também contribuem para o sequestro de carbono.

Cooperação internacional e financiamento

O Uganda necessita de um apoio financeiro e técnico substancial para enfrentar eficazmente as alterações climáticas. A cooperação e o financiamento internacionais são essenciais para a execução de projectos de adaptação e atenuação em grande escala.

Fundo Verde para o Clima (GCF): O GCF presta assistência financeira aos países em desenvolvimento para projectos relacionados com o clima. O Uganda já beneficiou de financiamento do GCF para projectos destinados a aumentar a resiliência das comunidades vulneráveis e a promover práticas agrícolas sustentáveis.

Parcerias Bilaterais e Multilaterais: As parcerias com organizações internacionais e países doadores são cruciais para aceder aos recursos necessários para combater as alterações climáticas. Os esforços de colaboração podem facilitar a transferência de tecnologia, o desenvolvimento de capacidades e a partilha de conhecimentos.

Conclusão

A luta contra as alterações climáticas não é apenas um imperativo ambiental, mas também uma necessidade socioeconómica para o Uganda. Os impactes das alterações climáticas ameaçam a biodiversidade, os recursos hídricos, a agricultura, a saúde e a economia do país. Uma ação imediata e sustentada, apoiada por quadros políticos sólidos, estratégias de adaptação baseadas na comunidade, inovações tecnológicas e cooperação internacional, é essencial para promover um futuro sustentável e resiliente para o Uganda.

Capítulo 2: A Teia Interligada de Ecossistemas

Introdução

A compreensão da rede interligada de ecossistemas é crucial para promover a harmonia ambiental no Uganda. Este capítulo aprofunda as complexas interacções entre vários ecossistemas e sublinha a importância de preservar estas redes naturais para garantir o equilíbrio ecológico e o desenvolvimento sustentável no meio das alterações climáticas.

Diversidade ecológica do Uganda

O Uganda é dotado de uma rica diversidade de ecossistemas, incluindo florestas tropicais, savanas, zonas húmidas, montanhas e lagos. Estes ecossistemas suportam uma vasta gama de flora e fauna, fornecendo serviços vitais que são essenciais para o bem-estar humano e as actividades económicas.

Florestas tropicais: Encontradas principalmente nas regiões ocidental e central, as florestas tropicais do Uganda, como o Parque Nacional de Kibale e a Floresta Impenetrável de Bwindi, são pontos críticos de biodiversidade. Acolhem numerosas espécies endémicas e são fundamentais para o sequestro de carbono, o que ajuda a atenuar as alterações climáticas.

Savanas e Prados: Cobrindo uma parte significativa do Uganda, as savanas e os prados são o lar de animais selvagens icónicos, incluindo elefantes, leões e girafas. Estes ecossistemas apoiam o turismo e fornecem terras de pastagem essenciais para o gado, contribuindo para a segurança alimentar e os meios de subsistência.

Zonas húmidas: As zonas húmidas do Uganda, incluindo a extensa bacia do Lago Vitória, desempenham funções ecológicas cruciais, tais como a filtragem da água, o controlo das cheias e o fornecimento de habitat para espécies aquáticas. Também apoiam as actividades agrícolas através dos seus solos ricos e recursos hídricos.

Ecossistemas de montanha: As Montanhas Rwenzori e o Monte Elgon são importantes para a biodiversidade, a captação de água e o turismo. Estas regiões de elevada altitude são sensíveis às alterações climáticas, com o recuo dos glaciares a representar uma ameaça significativa para o abastecimento de água e os habitats únicos.

Lagos e rios: Grandes massas de água como o Lago Vitória, o Lago Alberto e o Rio Nilo são parte integrante dos ecossistemas do Uganda. Apoiam a pesca, a agricultura, os transportes e a energia hidroelétrica, que são vitais para a economia do país.

A interconexão dos ecossistemas

Os ecossistemas não existem isoladamente; estão interligados numa complexa teia de relações. As alterações num ecossistema podem ter efeitos em cascata noutros, o que realça a necessidade de uma gestão ambiental integrada.

Ciclos hidrológicos: As zonas húmidas, os rios e os lagos estão interligados através do ciclo hidrológico. As zonas húmidas actuam como esponjas naturais, absorvendo o excesso de precipitação e libertando-a lentamente, regulando assim o caudal dos rios e mantendo os níveis de água nos lagos. A perturbação das zonas húmidas pode levar ao aumento das inundações e à escassez de água a jusante (Rebelo et al., 2010).

Corredores de Biodiversidade: As florestas e os prados funcionam como corredores de biodiversidade, permitindo a migração e a dispersão das espécies. Estes corredores são essenciais para manter a diversidade genética e a resistência às alterações ambientais. A fragmentação dos habitats perturba estes corredores, levando à perda de biodiversidade (Laurance et al., 2011).

Ciclo do carbono e dos nutrientes: Diferentes ecossistemas contribuem para o ciclo do carbono e dos nutrientes. As florestas sequestram carbono, enquanto as zonas húmidas e os sistemas aquáticos desempenham um papel na reciclagem de nutrientes. As perturbações nestes processos podem exacerbar as alterações climáticas e reduzir a fertilidade dos solos, afectando a produtividade agrícola (Smith et al., 2008).

Regulação do clima: As florestas e as zonas húmidas desempenham um papel significativo na regulação do clima, influenciando os padrões meteorológicos locais e regionais. A desflorestação e a degradação das zonas húmidas podem alterar os padrões de precipitação, aumentar as temperaturas e conduzir a fenómenos meteorológicos extremos (IPCC, 2014).

Impactos humanos e alterações climáticas

As actividades humanas, como a desflorestação, a drenagem de zonas húmidas e a poluição, têm impactos profundos nos ecossistemas do Uganda. As alterações climáticas agravam ainda mais estas pressões, ameaçando o intrincado equilíbrio das redes ecológicas.

Desflorestação: Impulsionada pela expansão agrícola, pela exploração madeireira e pela produção de carvão vegetal, a desflorestação reduz o sequestro de carbono, perturba os corredores de biodiversidade e altera os ciclos hidrológicos. A proteção e a recuperação das florestas são cruciais para mitigar as alterações climáticas e preservar os serviços ecossistémicos (NEMA, 2016).

Degradação das zonas húmidas: As zonas húmidas estão a ser convertidas para actividades agrícolas, de povoamento e industriais. Isto não só reduz a sua capacidade de regular o fluxo e a qualidade da água, como também aumenta a vulnerabilidade às cheias e secas. A gestão sustentável das zonas húmidas é essencial para manter as suas funções ecológicas (Maclean et al., 2011).

Poluição: O escoamento industrial e agrícola contamina as massas de água, afectando a vida aquática e a saúde humana. São necessárias medidas de controlo da poluição, incluindo práticas agrícolas sustentáveis e sistemas de gestão de resíduos, para proteger a qualidade da água e a saúde dos ecossistemas (Ntale et al., 2012).

Alterações climáticas: O aumento das temperaturas, a alteração dos padrões de precipitação e os fenómenos meteorológicos extremos representam ameaças significativas para os ecossistemas. Por exemplo, o recuo dos glaciares nas montanhas Rwenzori reduz a disponibilidade de água para os ecossistemas e comunidades a jusante. São necessárias medidas de adaptação para aumentar a resiliência dos ecossistemas às alterações climáticas (Taylor et al., 2006).

Conservação e gestão sustentável

Para salvaguardar os ecossistemas do Uganda e garantir a continuidade da sua prestação de serviços essenciais, são necessárias estratégias integradas de conservação e gestão sustentável.

Áreas Protegidas: A expansão e a gestão eficaz das áreas protegidas podem ajudar a conservar a biodiversidade e manter os serviços ecossistémicos. Parques nacionais, reservas de vida selvagem e áreas de conservação comunitária desempenham um papel vital na proteção de habitats e espécies críticos (Plumptre et al., 2007).

Conservação baseada na comunidade: O envolvimento das comunidades locais nos esforços de conservação assegura a utilização sustentável dos recursos naturais. As iniciativas baseadas na comunidade, como a agroflorestação e as práticas de pesca sustentáveis, podem melhorar os meios de subsistência ao mesmo tempo que preservam os ecossistemas (PNUD, 2014).

Projectos de restauração: A restauração de ecossistemas degradados, como o reflorestamento de terras desmatadas e a reabilitação de zonas húmidas, pode ajudar a recuperar funções ecológicas e melhorar a resiliência às alterações climáticas. Os projectos de restauração devem ser informados por investigação ecológica e conhecimentos tradicionais (Kakuru et al., 2013).

Política e legislação: O reforço das políticas e da legislação ambientais é crucial para regular as actividades que têm impacto nos ecossistemas. A aplicação efectiva das leis, como a Lei Nacional do Ambiente e a Política de Alterações Climáticas, pode promover práticas sustentáveis e proteger os recursos naturais (Governo do Uganda, 2015).

Conclusão

A rede interligada de ecossistemas no Uganda é essencial para a harmonia ambiental e o desenvolvimento sustentável. A compreensão e a preservação destas relações complexas são cruciais para enfrentar os desafios colocados pelas alterações climáticas. São necessários esforços de conservação integrados, práticas de gestão sustentável e quadros políticos sólidos para proteger o rico património ecológico do Uganda e garantir um futuro resiliente e sustentável.

Explorar os diversos ecossistemas do Uganda e o seu papel vital na manutenção da vida.

Explorando os diversos ecossistemas do Uganda e o seu papel vital na manutenção da vida

Introdução

O Uganda, muitas vezes referido como a "Pérola de África", é dotado de uma notável variedade de ecossistemas que desempenham um papel crucial no apoio à biodiversidade e aos meios de subsistência humana. Este capítulo explora os diversos ecossistemas existentes no Uganda e destaca as suas contribuições vitais para o equilíbrio ecológico, a prosperidade económica e o património cultural.

Florestas tropicais

As florestas tropicais do Uganda, como o Parque Nacional de Kibale e a Floresta Impenetrável de Bwindi, estão entre as regiões com maior biodiversidade do planeta. Estas florestas albergam uma grande variedade de flora e fauna, incluindo numerosas espécies endémicas. As copas densas e a estrutura complexa destas florestas proporcionam um habitat para primatas como os chimpanzés e os gorilas, aves, insectos e inúmeras espécies de plantas (Plumptre et al., 2007).

Importância ecológica:

- Biodiversidade: As florestas tropicais são pontos críticos de biodiversidade, suportando complexas redes alimentares e assegurando a sobrevivência de muitas espécies.

- Sequestro de carbono: Estas florestas desempenham um papel crucial no sequestro de carbono, absorvendo quantidades significativas de CO_2 e mitigando as alterações climáticas (Pan et al., 2011).

- Regulação do ciclo da água: As florestas tropicais contribuem para o ciclo da água, mantendo os níveis de humidade, influenciando os padrões de precipitação e regulando o fluxo de água.

Importância económica e cultural:

- Turismo: As florestas tropicais atraem turistas, gerando receitas e criando empregos no sector do turismo.

- Plantas medicinais: Muitas espécies de plantas encontradas nas florestas tropicais têm propriedades medicinais e são utilizadas na medicina tradicional e moderna.

Savanas e prados

As savanas e pradarias cobrem grandes extensões do Uganda, particularmente em áreas como o Parque Nacional Rainha Isabel e o Parque Nacional das Cataratas de Murchison. Estes ecossistemas caracterizam-se por paisagens abertas com árvores dispersas e vida selvagem diversificada, incluindo elefantes, leões, zebras e antílopes.

Importância ecológica:

- Habitat para a vida selvagem: As savanas suportam uma grande variedade de espécies de vida selvagem, proporcionando habitats críticos para herbívoros e seus predadores.

- Ecologia do Fogo: Os incêndios naturais desempenham um papel na manutenção da estrutura e da biodiversidade dos ecossistemas de savana, controlando o crescimento das árvores e promovendo o crescimento das gramíneas.

Importância económica e cultural:

- Turismo: A vida selvagem icónica das savanas atrai o turismo de safari, que é uma fonte significativa de rendimento para as comunidades locais e para a economia nacional.

- Terras de pastagem: As savanas fornecem terras de pastagem para o gado, apoiando as comunidades pastoris e contribuindo para a segurança alimentar.

Zonas húmidas

As zonas húmidas, incluindo a bacia do Lago Vitória, o Lago Kyoga e a região de Sudd, são ecossistemas vitais no Uganda. Desempenham funções ecológicas essenciais, como a filtragem da água, o controlo das cheias e o fornecimento de habitat para espécies aquáticas.

Importância ecológica:

- Purificação da água: As zonas húmidas filtram os poluentes da água, melhorando a qualidade da água e protegendo os ecossistemas a jusante (Mitsch & Gosselink, 2000).

- Controlo das cheias: Ao absorverem e libertarem lentamente a água, as zonas húmidas ajudam a atenuar o impacto das cheias.

- Biodiversidade: As zonas húmidas são ricas em biodiversidade, suportando uma variedade de peixes, espécies de aves e plantas.

Importância económica e cultural:

- Agricultura: Os solos férteis das zonas húmidas apoiam a agricultura, em especial a cultura do arroz.

- Pesca: As zonas húmidas são locais de reprodução de peixes, apoiando as indústrias pesqueiras locais.

Ecossistemas de montanha

As Montanhas Rwenzori e o Monte Elgon estão entre os ecossistemas de montanha mais proeminentes do Uganda. Estas regiões de elevada altitude são caracterizadas por uma flora e fauna únicas e desempenham um papel fundamental na captação de água e na regulação do clima.

Importância ecológica:

- Biodiversidade: Os ecossistemas de montanha albergam espécies únicas e endémicas adaptadas a ambientes de elevada altitude (Taylor et al., 2006).

- Captação de água: As montanhas funcionam como torres de água, captando a precipitação e fornecendo água aos rios e às zonas de planície.

Importância económica e cultural:

- Turismo: As montanhas atraem caminhantes e entusiastas da natureza, contribuindo para as receitas do turismo.

- Património cultural: As montanhas têm um significado cultural para as comunidades locais, sendo frequentemente consideradas sagradas.

Lagos e rios

As principais massas de água, como o Lago Vitória, o Lago Alberto e o Rio Nilo, são parte integrante dos ecossistemas do Uganda. Apoiam a pesca, a agricultura, os transportes e a energia hidroelétrica.

Importância ecológica:

- Biodiversidade aquática: Os lagos e rios são habitats para diversas espécies de peixes e outros organismos aquáticos.

- Ciclo de nutrientes: Estas massas de água desempenham um papel no ciclo de nutrientes, apoiando a produtividade agrícola nas áreas circundantes.

Importância económica e cultural:

- Pescas: Os lagos e rios apoiam a pesca local e comercial, fornecendo alimentos e rendimentos às comunidades.

- Energia .hidroelétrica: O rio Nilo é uma fonte significativa de energia hidroelétrica, essencial para as necessidades energéticas do Uganda.

Conclusão

Os diversos ecossistemas do Uganda são vitais para apoiar a vida, fornecendo serviços essenciais que sustentam a biodiversidade, os meios de subsistência humanos e as actividades económicas. A compreensão e a preservação destes ecossistemas são cruciais para promover a harmonia ambiental e garantir um futuro sustentável. São necessários esforços de conservação integrados, práticas de gestão sustentável e quadros políticos sólidos para proteger o rico património ecológico do Uganda.

Interdependências entre diferentes ecossistemas e a sua suscetibilidade aos impactos climáticos.

Interdependências entre diferentes ecossistemas e a sua suscetibilidade aos impactos climáticos

Introdução

Os ecossistemas não existem isoladamente; estão interligados através de vários processos ecológicos e interacções entre espécies. No Uganda, as interdependências entre os diferentes ecossistemas são cruciais para manter o equilíbrio ecológico e apoiar a biodiversidade. Contudo, estas interdependências também tornam os ecossistemas coletivamente susceptíveis aos impactos das alterações climáticas. Este capítulo explora estas interconexões e destaca como as alterações climáticas exacerbam as vulnerabilidades nos ecossistemas do Uganda.

Interdependências dos ecossistemas do Uganda

Florestas tropicais e zonas húmidas

As florestas tropicais e as zonas húmidas do Uganda estão intrinsecamente ligadas através do ciclo da água. As florestas tropicais influenciam os padrões de precipitação locais e regionais, contribuindo para o abastecimento de água nas zonas húmidas. As zonas húmidas, por sua vez, actuam como reservatórios naturais, armazenando a água da chuva e libertando-a lentamente nos rios e sistemas de águas subterrâneas.

- Regulação da água: As florestas tropicais ajudam a manter a humidade e a precipitação, que reabastece as zonas húmidas. As zonas húmidas armazenam esta água e libertam-na gradualmente, sustentando os caudais dos rios durante os períodos de seca.

- Corredores de biodiversidade: As zonas húmidas servem frequentemente de corredores para a migração de espécies entre áreas florestais, promovendo a diversidade genética e a resiliência.

Savanas e ecossistemas florestais

As savanas e as florestas estão ligadas através dos movimentos da vida selvagem e da dispersão de espécies vegetais. Muitos herbívoros e predadores de grande porte migram entre estes ecossistemas, em busca de alimento e de locais de reprodução.

- Migração da vida selvagem: Espécies como os elefantes deslocam-se entre florestas e savanas, ajudando a dispersão de sementes e mantendo a diversidade de plantas nos ecossistemas.

- Dinâmica do fogo: Os incêndios naturais nas savanas podem influenciar as bordas das florestas, promovendo a sucessão ecológica e criando um mosaico de habitats.

Ecossistemas de montanha e zonas de planície

Os ecossistemas de montanha, como as Montanhas Rwenzori, fornecem fontes de água essenciais para as zonas de planície através dos sistemas fluviais. O degelo dos glaciares e da neve nas montanhas alimenta os rios que sustentam a agricultura, a pesca e as povoações humanas a jusante.

- Abastecimento de água: As montanhas funcionam como torres de água, armazenando e libertando água doce que sustenta os ecossistemas e as actividades humanas nas terras baixas.

- Regulação do clima: Os ecossistemas de montanha influenciam os padrões climáticos locais, afectando a temperatura e a precipitação nas áreas circundantes.

Lagos e zonas ribeirinhas

Os lagos e as zonas ribeirinhas circundantes estão interligados através de processos hidrológicos. As zonas ribeirinhas actuam como tampões, filtrando os poluentes e sedimentos antes de entrarem nos lagos, mantendo assim a qualidade da água.

- Ciclo de nutrientes: A vegetação ripária absorve nutrientes e poluentes do escoamento, evitando a eutrofização e apoiando a vida aquática nos lagos.

- Conectividade de habitats: As zonas ribeirinhas fornecem habitats para espécies que se deslocam entre os ambientes terrestres e aquáticos, aumentando a biodiversidade.

Suscetibilidade aos impactos climáticos

A natureza interligada dos ecossistemas significa que os impactes das alterações climáticas num ecossistema podem ter efeitos em cascata noutros. Eis algumas das principais vulnerabilidades:

Alterações nos padrões de precipitação

A alteração dos padrões de precipitação devido às alterações climáticas pode perturbar o ciclo da água, afectando tanto as florestas como as zonas húmidas.

- Seca: A redução da precipitação pode levar a condições de seca nas florestas tropicais, diminuindo a sua capacidade de suportar a biodiversidade e afectando os níveis de água das zonas húmidas.
- Inundações: O aumento da intensidade da precipitação pode causar inundações nas zonas húmidas, perturbando os habitats e aumentando a erosão do solo.

Aumento da temperatura

O aumento das temperaturas tem impacto na distribuição das espécies e no funcionamento dos ecossistemas em todos os ecossistemas.

- Migração de espécies: As alterações de temperatura podem obrigar as espécies a migrar, perturbando os equilíbrios ecológicos existentes e conduzindo à competição pelos recursos.
- Perda de habitat: As temperaturas mais elevadas podem provocar a perda de habitat em zonas sensíveis, como os ecossistemas de montanha, ameaçando as espécies endémicas.

Eventos climáticos extremos

O aumento da frequência e da intensidade dos fenómenos meteorológicos extremos, como as tempestades e os furacões, constitui uma ameaça significativa.

- Danos causados por tempestades: As condições climatéricas extremas podem causar danos físicos nas florestas e savanas, levando à perda de vegetação e de vida selvagem.
- Erosão do solo: As chuvas fortes e as tempestades podem acelerar a erosão dos solos nas montanhas e nas zonas ribeirinhas, degradando os habitats e a qualidade da água.

Subida do nível do mar e qualidade da água

Embora o Uganda não tenha litoral, a subida global do nível do mar pode afetar as massas de água interiores através de alterações nos padrões climáticos globais.

- Inundações interiores: As alterações do nível do mar podem influenciar os padrões de precipitação e levar ao aumento das inundações de lagos e rios.
- Qualidade da água: O aumento das temperaturas e a alteração da precipitação podem afetar a qualidade da água dos lagos, com impacto na pesca e na saúde humana.

Conclusão

As interdependências entre os diversos ecossistemas do Uganda sublinham a complexidade das interacções ecológicas e a vulnerabilidade colectiva aos impactes das alterações climáticas. Estratégias eficazes de adaptação e mitigação do clima devem considerar estas interconexões para garantir a resiliência de todos os ecossistemas. A proteção de um ecossistema significa muitas vezes salvaguardar a saúde e a funcionalidade de outros, salientando a necessidade de abordagens de conservação integradas e holísticas.

Estudos de caso que mostram as relações intrincadas no ambiente do Uganda.
Estudos de caso que mostram as relações intrincadas no ambiente do Uganda

Introdução

Os ecosistemas do Uganda são diversos e complexos, exibindo relações intrincadas que são essenciais para manter o equilíbrio ecológico e apoiar os meios de subsistência. Este capítulo apresenta estudos de caso que destacam estas relações e ilustram como elas são afectadas pelas mudanças ambientais e actividades humanas. Ao examinar casos específicos, podemos obter uma compreensão mais profunda da interligação do ambiente natural do Uganda e das implicações de perturbar estas ligações.

Estudo de caso 1: As montanhas Rwenzori e as terras baixas circundantes

Antecedentes

As Montanhas Rwenzori, muitas vezes referidas como as "Montanhas da Lua", são uma fonte de água crucial para as zonas de planície circundantes. Nelas se encontram flora e fauna únicas, muitas das quais são endémicas desta região. Os glaciares e as calotes de neve das montanhas alimentam os rios que sustentam a agricultura, as pescas e as povoações humanas nas terras baixas.

Interligações

- Abastecimento de água: Os glaciares e os mantos de neve das Montanhas Rwenzori derretem para alimentar rios como o Rio Semliki, que desagua no Lago Albert. Este abastecimento contínuo de água é vital para a irrigação, a água potável e a energia hidroelétrica.

- Ligações da biodiversidade: As montanhas fornecem habitats para numerosas espécies que migram para altitudes mais baixas para reprodução e alimentação. Estas migrações apoiam a diversidade genética e a resiliência ecológica.

Impacto das alterações climáticas

- Recuo dos glaciares: O aumento das temperaturas levou ao rápido degelo dos glaciares, reduzindo o abastecimento de água aos rios e afectando a agricultura e a produção de energia hidroelétrica nas terras baixas (Taylor et al., 2006).

- Perda de habitat: A diminuição dos glaciares e a alteração das condições climáticas estão a alterar os habitats, ameaçando as espécies que dependem de zonas altitudinais específicas.

Estudo de caso 2: Floresta de Mabira e terras agrícolas adjacentes

Antecedentes

A floresta de Mabira é uma das maiores e mais importantes florestas tropicais do Uganda. Funciona como um tampão ecológico crítico e suporta uma vasta gama de biodiversidade. A floresta está rodeada por terras agrícolas, que beneficiam dos serviços ecossistémicos prestados pela floresta.

Interligações

- Regulação do clima: A floresta de Mabira ajuda a regular as condições climáticas locais, mantendo os níveis de humidade e influenciando os padrões de precipitação. Isto beneficia as terras agrícolas adjacentes, garantindo um abastecimento de água estável para as culturas.

- Fertilidade do solo: A floresta contribui para a fertilidade do solo nas áreas circundantes através da deposição de folhagem e matéria orgânica, o que aumenta a produtividade agrícola.

Impacto da desflorestação

- Redução da precipitação: A desflorestação na floresta de Mabira levou à redução da precipitação local, afectando negativamente o rendimento das culturas nas áreas agrícolas circundantes (NEMA, 2010).

- Degradação do solo: A remoção da cobertura florestal aumentou a erosão do solo, levando à perda de solo fértil e ao declínio da produtividade agrícola.

Estudo de Caso 3: Lago Vitória e Zonas Húmidas Ripícolas

Antecedentes

O Lago Vitória, o maior lago de África, está rodeado por extensas zonas húmidas ribeirinhas que desempenham um papel crucial na manutenção do equilíbrio ecológico do lago. Estas zonas húmidas funcionam como filtros naturais, capturando sedimentos e poluentes antes de entrarem no lago.

Interligações

- Qualidade da água: As zonas húmidas ribeirinhas filtram os nutrientes e os poluentes, evitando a eutrofização e apoiando as populações de peixes do lago, que são vitais para a subsistência local.

- Controlo das inundações: As zonas húmidas actuam como esponjas naturais, absorvendo o excesso de precipitação e reduzindo o risco de inundações nas áreas circundantes.

Impacto das actividades humanas

- Poluição: O aumento do escoamento agrícola, as descargas industriais e os esgotos não tratados sobrecarregaram a capacidade de filtragem das zonas húmidas, levando à deterioração da qualidade da água no Lago Vitória (Mugidde, 1993).

- Degradação das zonas húmidas: A invasão e a drenagem das zonas húmidas para fins agrícolas e de desenvolvimento urbano reduziram a sua dimensão e funcionalidade, agravando a poluição da água e aumentando os riscos de inundação.

Estudo de caso 4: Parque Nacional Rainha Isabel e comunidades circundantes

Antecedentes

O Parque Nacional Rainha Isabel é uma das principais áreas de conservação do Uganda, conhecida pela sua diversidade de vida selvagem e paisagens cénicas. O parque está rodeado de comunidades que dependem dos seus recursos para o turismo, a pesca e a agricultura de subsistência.

Interligações

- Receitas do turismo: O parque atrai turistas, proporcionando rendimentos e oportunidades de emprego para as comunidades circundantes.

- Conservação da biodiversidade: Os ecossistemas do parque suportam uma variedade de espécies de vida selvagem, que são cruciais para manter o equilíbrio ecológico e atrair turistas.

Impacto das alterações climáticas e das actividades humanas

- Perturbação do habitat da vida selvagem: As alterações climáticas alteraram os padrões de precipitação, afectando a disponibilidade de água e os habitats do parque. Além disso, a invasão humana e a caça furtiva ameaçaram as populações de animais selvagens (Plumptre et al., 2007).

- Desafios para os meios de subsistência: As alterações no ecossistema do parque tiveram um impacto nas actividades piscatórias e agrícolas das comunidades vizinhas, levando a um aumento dos conflitos entre humanos e animais selvagens, uma vez que os animais procuram alimento fora dos limites do parque.

Conclusão

Estes estudos de caso ilustram as intrincadas relações existentes no ambiente do Uganda e a forma como são influenciadas pelos processos naturais e pelas actividades humanas. Compreender estas interligações é crucial para desenvolver estratégias de conservação eficazes e mitigar os impactes das alterações climáticas. Ao proteger e restaurar estes ecossistemas, o Uganda pode salvaguardar a sua biodiversidade e garantir meios de subsistência sustentáveis para a sua população.

Capítulo 4: Navegar pelos recursos hídricos num clima em mudança

Introdução

Os recursos hídricos são fundamentais para o desenvolvimento socioeconómico do Uganda, apoiando a agricultura, a produção de energia, a utilização doméstica e a saúde dos ecossistemas. No entanto, as alterações climáticas colocam desafios significativos à disponibilidade, qualidade e gestão dos recursos hídricos. Este capítulo explora o estado atual dos recursos hídricos do Uganda, os impactos das alterações climáticas e as estratégias de adaptação e gestão sustentável.

Compreender os recursos hídricos do Uganda

O Uganda é dotado de abundantes recursos hídricos, incluindo lagos, rios e zonas húmidas. As principais massas de água incluem o Lago Vitória, o Lago Alberto, o Lago Kyoga e o Rio Nilo. Estes recursos são vitais para a agricultura do país, para a produção de energia hidroelétrica, para as pescas e para o abastecimento doméstico de água.

- Lagos: O Lago Vitória, o maior lago de África, é uma fonte de água fundamental e apoia actividades económicas importantes, como a pesca e a agricultura. Os lagos Albert e Kyoga também desempenham um papel importante na subsistência local.

- Rios: O rio Nilo, com origem no lago Vitória, é essencial para a produção de energia hidroelétrica, agricultura e transportes. Outros rios importantes são o Kagera, o Katonga e o Sezibwa.

- Zonas húmidas: As extensas zonas húmidas do Uganda cobrem aproximadamente 13% da área total do país e fornecem serviços ecossistémicos como a purificação da água, o controlo das cheias e o habitat para a biodiversidade.

Impactos das alterações climáticas nos recursos hídricos

As alterações climáticas já estão a afetar os recursos hídricos do Uganda através de alterações nos padrões de precipitação, aumento das temperaturas e fenómenos meteorológicos extremos. Estas alterações colocam desafios à disponibilidade e à qualidade da água, com implicações de grande alcance para vários sectores.

- Alteração dos padrões de precipitação: As alterações climáticas estão a provocar mudanças nos padrões de precipitação, levando a precipitações mais intensas e imprevisíveis. Isto resulta em secas prolongadas ou inundações graves, ambas com impacto na disponibilidade de água para a agricultura e uso doméstico.

- Aumento da temperatura: O aumento das temperaturas leva a taxas de evaporação mais elevadas, reduzindo os níveis de água em lagos, rios e reservatórios. Isto afecta o abastecimento de água para irrigação, água potável e produção de energia hidroelétrica.

- Eventos climáticos extremos: O aumento da frequência e da intensidade de fenómenos meteorológicos extremos, como tempestades e inundações, pode danificar as infra-estruturas hídricas, conduzindo a interrupções no abastecimento de água e a um aumento dos riscos de contaminação.

Estudos de caso sobre a gestão dos recursos hídricos

1. Bacia do Lago Vitória

- Antecedentes: O Lago Vitória é partilhado pelo Uganda, Quénia e Tanzânia. Apoia milhões de pessoas através da pesca, da agricultura e do abastecimento de água.

- Desafios: As alterações climáticas provocaram a flutuação dos níveis de água, afectando a pesca e aumentando a frequência da proliferação de algas, que degradam a qualidade da água.

- Medidas de adaptação: A cooperação regional através da Comissão da Bacia do Lago Vitória (LVBC) conduziu a iniciativas destinadas a melhorar a gestão da água, incluindo o controlo da poluição e práticas de pesca sustentáveis (LVBC, 2016).

2. Bacia do rio Nilo

- Antecedentes: O rio Nilo é crucial para os sistemas de energia hidroelétrica e de irrigação do Uganda.

- Desafios: A variabilidade da precipitação e a utilização da água a montante por outros países da bacia do Nilo colocam desafios à disponibilidade de água.

- Medidas de adaptação: O Uganda participa na Iniciativa da Bacia do Nilo (NBI), que promove a gestão cooperativa da água e a utilização sustentável entre os países da bacia (NBI, 2018).

3. Projectos de recuperação de zonas húmidas

- Antecedentes: As zonas húmidas do Uganda estão ameaçadas pela invasão agrícola e pela urbanização.

- Desafios: A degradação das zonas húmidas reduz a sua capacidade de prestar serviços ecossistémicos, como o controlo das cheias e a purificação da água.

- Medidas adaptativas: Os projectos de restauração de zonas húmidas, como os dos sistemas de zonas húmidas de Mpologoma e Katonga, centram-se na reflorestação, no envolvimento da comunidade e em práticas sustentáveis de uso da terra para restaurar as funções ecológicas e melhorar a qualidade da água (NEMA, 2010).

Estratégias para uma gestão sustentável da água

Para enfrentar os desafios colocados pelas alterações climáticas, o Uganda deve adotar estratégias abrangentes para a gestão sustentável da água. Estas estratégias devem integrar conhecimentos científicos, participação da comunidade e intervenções políticas.

1. Gestão Integrada dos Recursos Hídricos (GIRH)

- Descrição: A GIRH promove o desenvolvimento e a gestão coordenados da água, da terra e dos recursos conexos para maximizar o bem-estar económico e social sem comprometer a sustentabilidade dos ecossistemas.

- Implementação: O Departamento de Gestão de Recursos Hídricos do Uganda (WRMD) tem vindo a implementar os princípios da GIRH através de quadros de gestão de bacias e do envolvimento das partes interessadas (WRMD, 2017).

2. Infra-estruturas resistentes ao clima

- Descrição: Construção e modernização de infra-estruturas hídricas para resistir aos impactos climáticos, tais como a construção de reservatórios, a melhoria dos sistemas de irrigação e o reforço dos mecanismos de controlo das inundações.

- Implementação: Projectos como a central hidroelétrica de Karuma incluem considerações de conceção para a resiliência climática, a fim de garantir um abastecimento de água e uma produção de energia fiáveis (MEMD, 2018).

3. Adaptação de base comunitária

- Descrição: Capacitar as comunidades locais para gerir os recursos hídricos e adotar práticas resistentes ao clima através do reforço das capacidades e do acesso à informação.

- Implementação: Programas como o Programa de Adaptação Baseado na Comunidade do Uganda (UCBAP) centram-se na formação das comunidades em técnicas de conservação da água e práticas agrícolas sustentáveis (PNUD, 2014). '

4. Quadros políticos e legislativos

- Descrição: Reforço das políticas e regulamentos para apoiar a gestão sustentável da água e a adaptação às alterações climáticas.

- Implementação: A Política Nacional da Água do Uganda e a Lei da Água fornecem um quadro legal para a gestão da água, enfatizando a conservação, a utilização equitativa e a adaptação ao clima (GoU, 1999).

Conclusão

Os recursos hídricos do Uganda são vitais para o desenvolvimento e o equilíbrio ecológico do país. No entanto, as alterações climáticas colocam desafios significativos que exigem uma ação urgente e coordenada. Através da adoção de práticas integradas de gestão da água, da construção de infra-estruturas resistentes, da capacitação das comunidades e do reforço dos quadros políticos, o Uganda pode gerir os seus recursos hídricos de forma sustentável no meio de um clima em mudança. Estas medidas garantirão a segurança da água, apoiarão os meios de subsistência e protegerão o ambiente para as gerações futuras.

A importância crítica dos recursos hídricos para a população, a economia e os ecossistemas do Uganda.

A importância crítica dos recursos hídricos para a população, a economia e os ecossistemas do Uganda

Introdução

A água é um recurso fundamental que sustenta a sobrevivência e a prosperidade da população, da economia e dos ecossistemas do Uganda. À medida que as alterações climáticas exacerbam os desafios relacionados com a água, a compreensão da importância crítica dos recursos hídricos torna-se fundamental para o planeamento e implementação de estratégias de gestão sustentável. Esta secção explora o papel multifacetado dos recursos hídricos no Uganda, destacando o seu significado para o bem-estar humano, desenvolvimento económico e saúde ecológica.

Recursos hídricos e bem-estar humano

O acesso a água limpa e fiável é essencial para a saúde humana, o saneamento e a qualidade de vida em geral. No Uganda, os recursos hídricos desempenham um papel crucial na satisfação das necessidades quotidianas da sua população.

- Água potável e saneamento: A água potável é vital para prevenir doenças transmitidas pela água e garantir a saúde pública. De acordo com o Gabinete de Estatísticas do Uganda (UBOS), o acesso a fontes de água potável melhoradas aumentou, mas continuam a existir desafios, sobretudo nas zonas rurais (UBOS, 2018). Uma gestão eficaz da água garante que as comunidades tenham acesso a água limpa e a instalações sanitárias adequadas, reduzindo os riscos para a saúde e melhorando as condições de vida.

- Segurança alimentar: A água é indispensável para a agricultura, que é a espinha dorsal da economia do Uganda. Cerca de 70% dos ugandeses dedicam-se à agricultura, principalmente à agricultura familiar. A irrigação é essencial para aumentar a produtividade agrícola, especialmente face aos padrões erráticos de precipitação causados pelas alterações climáticas. Assegurar a disponibilidade de água para irrigação ajuda a garantir a produção de alimentos, apoia os meios de subsistência e reduz a pobreza (FAO, 2015).

- Utilização doméstica: A água é utilizada para vários fins domésticos, incluindo cozinhar, limpar e tomar banho. Um abastecimento de água adequado a nível doméstico contribui para melhores práticas de higiene e para o bem-estar geral.

Desenvolvimento económico

Os recursos hídricos são essenciais para o crescimento económico e o desenvolvimento do Uganda, apoiando vários sectores como a agricultura, a energia e a indústria.

- Agricultura: Como já foi referido, a agricultura é uma atividade económica importante no Uganda. A agricultura irrigada aumenta o rendimento das culturas e permite aos agricultores cultivar várias culturas por ano, contribuindo para a segurança alimentar e a geração de rendimentos. O Ministério da Agricultura, da Indústria Animal e das Pescas (MAAIF) salienta a necessidade de expandir as infra-estruturas de irrigação para aumentar a produtividade agrícola (MAAIF, 2016).

- Energia hidroelétrica: O Uganda depende fortemente da energia hidroelétrica para as suas necessidades energéticas. As principais centrais hidroeléctricas do país, como as barragens de Nalubaale, Kiira e Bujagali, dependem do caudal do rio Nilo e dos seus afluentes. Um fluxo de água fiável é essencial para a produção consistente de energia, que impulsiona as actividades industriais e o desenvolvimento económico (MEMD, 2018).

- Turismo: Os diversos recursos hídricos do Uganda, incluindo lagos, rios e zonas húmidas, atraem turistas para actividades como passeios de barco, pesca e observação da vida selvagem. O sector do turismo é um contribuinte significativo para a economia nacional, gerando receitas e oportunidades de emprego. A gestão sustentável da água garante que estas atracções naturais permaneçam viáveis para as gerações futuras (UWA, 2019).

Saúde ecológica

Os recursos hídricos são vitais para manter o equilíbrio ecológico e apoiar a biodiversidade nos diversos ecossistemas do Uganda.

- Zonas húmidas e biodiversidade: As zonas húmidas do Uganda, que cobrem cerca de 13% da área total do país, proporcionam habitats críticos para numerosas espécies de plantas e animais. Também oferecem serviços ecossistémicos como a purificação da água, o controlo das cheias e o sequestro de carbono. Proteger e restaurar as zonas húmidas é essencial para conservar a biodiversidade e mitigar os impactos das alterações climáticas (NEMA, 2010).

- Ecossistemas aquáticos: Lagos, rios e riachos sustentam diversos ecossistemas aquáticos, incluindo populações de peixes que são cruciais para a subsistência local e a segurança alimentar. A sobrepesca, a poluição e as alterações climáticas ameaçam estes ecossistemas. São necessárias práticas de gestão sustentável para preservar a qualidade da água e a vida aquática (LVBC, 2016).

- Florestas e bacias hidrográficas: As bacias hidrográficas florestadas desempenham um papel fundamental na regulação do fluxo de água, na prevenção da erosão do solo e na manutenção da qualidade da água. A desflorestação e a degradação dos solos perturbam estas funções, levando à redução da disponibilidade de água e ao aumento da sedimentação nas massas de água. A reflorestação e as práticas sustentáveis de utilização dos solos são necessárias para proteger estes ecossistemas vitais (NFA, 2015).

Estudos de caso

1. Bacia do Lago Vitória

  - Importância: O Lago Vitória é o maior lago de água doce de África e uma fonte de água essencial para milhões de pessoas no Uganda, Quénia e Tanzânia.

  - Desafios: As alterações climáticas, a poluição e as espécies invasoras afectaram a saúde e os recursos haliêuticos do lago.

  - Iniciativas: O Projeto de Gestão Ambiental do Lago Vitória (LVEMP) centra-se no controlo da poluição, na gestão sustentável das pescas e no envolvimento da comunidade para proteger o ecossistema do lago (LVEMP, 2011).

2. Montanhas Rwenzori

  - Importância: As Montanhas Rwenzori são uma área vital de captação de água, fornecendo água aos rios que sustentam a agricultura e a energia hidroelétrica.

  - Desafios: O degelo dos glaciares e a alteração dos padrões de precipitação devido às alterações climáticas ameaçam a disponibilidade de água.

  - Iniciativas: Os esforços de conservação, como o Parque Nacional das Montanhas Rwenzori, visam proteger esta fonte de água crítica e a sua biodiversidade (WWF, 2018).

Estratégias para uma gestão sustentável da água

Para enfrentar os desafios colocados pelas alterações climáticas e garantir uma gestão sustentável dos recursos hídricos, o Uganda deve adotar uma abordagem multifacetada.

1. Gestão Integrada dos Recursos Hídricos (GIRH): A implementação dos princípios da GIRH assegura o desenvolvimento e gestão coordenados da água, terra e recursos relacionados. Esta abordagem maximiza o bem-estar económico e social sem comprometer a sustentabilidade do ecossistema (WRMD, 2017).

2. Infra-estruturas resilientes ao clima: O investimento em infra-estruturas resilientes, tais como sistemas de irrigação melhorados e mecanismos de controlo de inundações, pode aumentar a segurança da água e reduzir a vulnerabilidade aos impactos climáticos (MEMD, 2018).

3. Envolvimento da comunidade: O empoderamento das comunidades locais através do desenvolvimento de capacidades e da gestão participativa assegura práticas sustentáveis de utilização e conservação da água ao nível das bases (UCBAP, 2014).

4. Política e legislação: É crucial reforçar as políticas e os quadros regulamentares para apoiar a gestão sustentável da água e a adaptação ao clima. A Política Nacional da Água do Uganda e a Lei da Água fornecem uma base legal para estes esforços (GoU, 1999).

Conclusão

Os recursos hídricos são fundamentais para o bem-estar humano, o desenvolvimento económico e a saúde ecológica do Uganda. No entanto, as alterações climáticas colocam desafios significativos que exigem uma ação urgente e coordenada. Através da adoção de práticas integradas de gestão da água, da construção de infra-estruturas resistentes, da capacitação das comunidades e do reforço dos quadros políticos, o Uganda pode gerir os seus recursos hídricos de forma sustentável no meio de um clima em mudança. Estas medidas garantirão a segurança da água, apoiarão os meios de subsistência e protegerão o ambiente para as gerações futuras.

Capítulo 5: Conservação da Biodiversidade num Mundo em Aquecimento

O Capítulo 5 de "Fostering Environmental Harmony: Uganda's Path to Future Safeguards Amidst Climate Change" aprofunda o tema crítico da conservação da biodiversidade face a um mundo em aquecimento. O Uganda, conhecido pela sua rica biodiversidade, enfrenta desafios crescentes devido às alterações climáticas, que ameaçam a intrincada rede de vida que sustenta os seus ecossistemas. As provas empíricas sublinham a urgência: os estudos indicam mudanças significativas na distribuição das espécies, padrões de migração alterados e riscos de extinção acrescidos para a flora e fauna endémicas. Por exemplo, os icónicos gorilas de montanha do Parque Nacional Impenetrável de Bwindi, no Uganda, são cada vez mais vulneráveis à medida que o aumento das temperaturas afecta o seu habitat e as suas fontes de alimentação. Este capítulo sublinha a interligação dos ecossistemas, em que as perturbações numa área se repercutem noutras, afectando os meios de subsistência dependentes de serviços ecossistémicos como a agricultura, o abastecimento de água e o turismo.

Os esforços de conservação são fundamentais, sublinhados por estudos empíricos que demonstram a eficácia das áreas protegidas e das iniciativas comunitárias de conservação na salvaguarda da biodiversidade. A investigação destaca a resiliência de certas espécies e ecossistemas aos factores de stress climático quando geridos de forma eficaz. Por exemplo, os projectos de conservação de base comunitária no Uganda revelaram resultados promissores na atenuação dos conflitos entre o homem e a vida selvagem e na melhoria dos meios de subsistência locais, promovendo assim a harmonia ambiental num clima em mudança.

Além disso, os dados empíricos apoiam a integração do conhecimento ecológico tradicional com estratégias de conservação modernas, ilustrando como as práticas indígenas podem aumentar a resiliência da biodiversidade. Ao incorporar as comunidades locais nos esforços de conservação, o Uganda não só preserva a biodiversidade como também reforça a resistência aos impactes climáticos, assegurando vias de desenvolvimento sustentável. Esta abordagem holística, baseada na investigação empírica e no envolvimento da comunidade, constitui a base para as futuras salvaguardas ambientais do Uganda no meio dos desafios das alterações climáticas.

Apresentação da rica biodiversidade do Uganda e da sua vulnerabilidade às alterações induzidas pelo clima.

Apresentar a rica biodiversidade do Uganda e a sua vulnerabilidade às mudanças induzidas pelo clima é crucial para compreender o intrincado equilíbrio que sustenta a harmonia ambiental na região. O Uganda, muitas vezes referido como a "Pérola de África", possui uma diversidade notável de ecossistemas que vão desde florestas tropicais luxuriantes a savanas extensas e montanhas de grande altitude. Esta riqueza ecológica suporta uma extraordinária variedade de espécies vegetais e animais, muitas das quais são endémicas e não se encontram em mais nenhum lugar do mundo.

As provas empíricas sublinham a vulnerabilidade da biodiversidade do Uganda aos impactes das alterações climáticas. Os estudos revelam tendências alarmantes, como a alteração dos padrões de precipitação, o aumento das temperaturas e a maior frequência de fenómenos meteorológicos extremos. Estas alterações perturbam os ecossistemas e ameaçam as espécies adaptadas a condições climáticas específicas. Por exemplo, os icónicos elefantes africanos das savanas do Uganda enfrentam a perda de habitat e o aumento dos conflitos entre humanos e animais selvagens, uma vez que as alterações climáticas afectam os seus padrões de migração e a disponibilidade de alimentos.

Além disso, a investigação empírica realça a interconexão dos ecossistemas do Uganda, onde as perturbações numa área se propagam por toda a rede de ecossistemas. Por exemplo, as mudanças nos regimes de precipitação podem ter impacto na cobertura vegetal, afectando a disponibilidade de alimentos para os herbívoros e, subsequentemente, a dinâmica predador-presa. Estas alterações ecológicas não só põem em perigo a biodiversidade como também comprometem os serviços ecossistémicos cruciais para o bem-estar humano, como a purificação da água, a regulação do clima e a produtividade agrícola.

Os esforços de conservação desempenham um papel fundamental na atenuação destes riscos induzidos pelo clima. Estudos empíricos demonstram a eficácia das áreas protegidas e dos corredores de vida selvagem na preservação dos hotspots de biodiversidade e na adaptação das espécies a ambientes em mudança. As iniciativas de colaboração entre agências governamentais, ONG e comunidades locais têm mostrado resultados promissores na promoção de práticas sustentáveis de utilização dos solos e no reforço da resiliência em ecossistemas vulneráveis.

Em conclusão, a biodiversidade do Uganda, tal como apoiada por provas empíricas, encontra-se numa encruzilhada no meio das alterações climáticas. Ao mostrar o seu rico património ecológico e as suas vulnerabilidades, o Uganda sublinha a importância de estratégias de conservação integradas que combinem o conhecimento ecológico tradicional com abordagens científicas modernas. Estes esforços não só salvaguardam a biodiversidade como também reforçam a resistência às mudanças induzidas pelo clima, assegurando um caminho sustentável para a harmonia ambiental no Uganda.

Histórias de sucesso na conservação e desafios na proteção de espécies e habitats ameaçados.

Os esforços de conservação no Uganda apresentam tanto histórias de sucesso como desafios contínuos na proteção de espécies e habitats ameaçados de extinção no meio das pressões das alterações climáticas. A rica biodiversidade do país, incluindo espécies icónicas como os gorilas da montanha, os elefantes e numerosas plantas e aves endémicas, sublinha a importância de estratégias de conservação eficazes.

As provas empíricas destacam iniciativas de conservação bem sucedidas, como a conservação dos gorilas de montanha no Parque Nacional Impenetrável de Bwindi e no Parque Nacional dos Gorilas de Mgahinga. Estes esforços registaram um aumento das populações de gorilas de montanha, demonstrando como uma gestão dedicada da conservação, o envolvimento da comunidade e o ecoturismo podem apoiar a recuperação das espécies e a preservação dos habitats. A monitorização científica e as medidas de combate à caça furtiva têm sido cruciais para estes resultados, garantindo a sobrevivência de espécies criticamente ameaçadas.

No entanto, o Uganda também enfrenta desafios significativos em matéria de conservação. A perda de habitat devido às actividades humanas, incluindo a agricultura, o desenvolvimento de infra-estruturas e a extração de recursos, continua a ameaçar os habitats da vida selvagem. As alterações climáticas exacerbam estas ameaças, alterando os ecossistemas e mudando as distribuições das espécies, o que coloca ainda mais pressão sobre populações já vulneráveis. Por exemplo, a alteração dos padrões de precipitação e das temperaturas afecta os habitats cruciais para a sobrevivência das espécies, exigindo estratégias de gestão adaptativas.

Persistem também desafios na atenuação dos conflitos entre o homem e a vida selvagem, especialmente em zonas onde as comunidades locais dependem dos recursos naturais para a sua subsistência. Equilibrar os objectivos de conservação com o desenvolvimento socioeconómico continua a ser uma tarefa complexa, necessitando de abordagens inovadoras que integrem a conservação com oportunidades de subsistência sustentável para as comunidades locais.

Os estudos empíricos e os esforços de conservação fornecem informações sobre abordagens eficazes, tais como iniciativas de conservação baseadas na comunidade que capacitam as comunidades locais a gerir os recursos naturais de forma sustentável. Estes programas não só melhoram a conservação da biodiversidade como também promovem benefícios socioeconómicos através do ecoturismo, práticas agrícolas sustentáveis e meios de subsistência alternativos.

Em conclusão, a paisagem de conservação do Uganda reflecte uma mistura de sucessos e desafios contínuos na proteção de espécies e habitats ameaçados no meio das alterações climáticas. Aprendendo com os estudos de casos bem sucedidos e enfrentando os desafios persistentes através de esforços de colaboração, o Uganda pode reforçar as suas estratégias de conservação. As provas empíricas sublinham a urgência de práticas de gestão adaptativa que promovam a harmonia ambiental, assegurando simultaneamente o desenvolvimento sustentável para as gerações futuras.

Abordagens de colaboração para preservar a biodiversidade e, ao mesmo tempo, enfrentar as ameaças climáticas.
As abordagens de colaboração são fundamentais nos esforços do Uganda para preservar a biodiversidade e, ao mesmo tempo, enfrentar as crescentes ameaças colocadas pelas alterações climáticas. As provas empíricas sublinham a eficácia destas abordagens na consecução dos objectivos de conservação, promovendo simultaneamente o desenvolvimento sustentável.

Um exemplo significativo é a gestão colaborativa das áreas protegidas com a participação das comunidades locais. A investigação de Adams e Hulme (2001) salienta que o envolvimento das comunidades locais nos esforços de conservação não só aumenta a proteção da biodiversidade, como também promove a apropriação e a gestão dos recursos naturais pela comunidade. Esta abordagem tem sido fundamental para as histórias de sucesso de conservação do Uganda, como o Parque Nacional Impenetrável de Bwindi, onde as parcerias com as comunidades locais contribuíram para a recuperação de espécies ameaçadas de extinção, como os gorilas da montanha.

Além disso, estudos empíricos (Rodrigues et al., 2004) enfatizam a importância de parcerias com múltiplos actores no planeamento e implementação da conservação. Essas parcerias reúnem agências governamentais, organizações não-governamentais (ONGs), instituições de investigação e comunidades locais para enfrentar conjuntamente os desafios da conservação da biodiversidade face aos impactes das alterações climáticas. Por exemplo, iniciativas colaborativas como o Fundo de Biodiversidade do Uganda (UBF) facilitam a junção de recursos e conhecimentos para apoiar projectos de conservação da biodiversidade em todo o país.

As abordagens integradas da paisagem também oferecem soluções promissoras, conciliando os objectivos de conservação com as necessidades de desenvolvimento agrícola e de infra-estruturas. A investigação de Sayer et al. (2013) demonstra que as estratégias de adaptação baseadas nos ecossistemas, como a recuperação de paisagens degradadas e a promoção da agrossilvicultura, podem aumentar a resiliência da biodiversidade às alterações climáticas, ao mesmo tempo que prestam serviços ecossistémicos essenciais para a subsistência das comunidades locais.

Além disso, as provas empíricas de iniciativas globais de conservação, como a Convenção sobre a Diversidade Biológica (CDB) e a Plataforma Intergovernamental Científica e Política sobre Biodiversidade e Serviços Ecossistémicos (IPBES), sublinham a urgência de acções de colaboração para travar a perda de biodiversidade e atenuar os impactos climáticos. Estes quadros defendem estruturas de governação inclusivas e plataformas de partilha de conhecimentos que reforcem as práticas de gestão adaptativa e aumentem a resiliência da biodiversidade às escalas local, nacional e regional.

Em conclusão, as abordagens de colaboração que integram a investigação científica, o envolvimento da comunidade e os quadros políticos são essenciais para preservar a biodiversidade do Uganda face às ameaças climáticas. As provas empíricas apoiam a eficácia destas abordagens na obtenção de resultados de conservação sustentáveis, promovendo simultaneamente benefícios socioeconómicos para as comunidades locais. Ao promover parcerias e alavancar recursos partilhados, o Uganda pode navegar pelas complexidades das alterações climáticas e salvaguardar os seus diversos ecossistemas para as gerações futuras.

Capítulo 6: Urbanização, Infra-estruturas e Planeamento Resiliente

Para discutir as questões das alterações climáticas no Uganda, centrando-nos particularmente na urbanização, nas infra-estruturas e no planeamento resiliente, temos de aprofundar vários aspectos fundamentais apoiados por provas empíricas e referências. Segue-se uma análise aprofundada destes tópicos:

Urbanização e alterações climáticas no Uganda

Crescimento urbano e vulnerabilidade

A urbanização no Uganda está a aumentar rapidamente, com implicações significativas para a resiliência climática. Cidades como Kampala enfrentam desafios como povoações informais, infra-estruturas inadequadas e maior vulnerabilidade a riscos relacionados com o clima, como inundações e deslizamentos de terras.

Evidência empírica:

- De acordo com o Gabinete de Estatísticas do Uganda (UBOS), a população urbana está a crescer a uma taxa anual de cerca de 5,1%. Esta rápida urbanização sobrecarrega as infra-estruturas e os serviços existentes, agravando as vulnerabilidades aos impactes climáticos (UBOS, 2020).

Desafios em matéria de infra-estruturas

O desenvolvimento de infra-estruturas nas zonas urbanas fica frequentemente aquém do crescimento da população, o que leva a sistemas inadequados de abastecimento de água, saneamento e transportes. Esta inadequação agrava-se durante fenómenos meteorológicos extremos, afectando a resiliência urbana.

Evidência empírica:

- Um estudo do Banco Mundial salientou que os sistemas de drenagem deficientes em Kampala agravam os riscos de inundação, afectando tanto as infra-estruturas como a saúde pública (Banco Mundial, 2018).

Estratégias de planeamento e adaptação resilientes

Quadros políticos e iniciativas

O Uganda tem feito progressos na integração da resiliência climática no planeamento urbano. As iniciativas centram-se no desenvolvimento sustentável, na redução do risco de catástrofes e em infra-estruturas adaptáveis.

Evidência empírica:

- O Plano Nacional de Desenvolvimento III (PND III) dá prioridade às medidas de adaptação às alterações climáticas e de reforço da resiliência nas zonas urbanas (PND III, 2020).

Envolvimento da comunidade e práticas de adaptação

As comunidades locais desempenham um papel crucial na adaptação às alterações climáticas através de práticas como a agricultura urbana, sistemas de alerta precoce baseados na comunidade e construção de habitações resistentes.

Evidência empírica:

- A investigação levada a cabo pela Oxfam e por ONG locais documenta iniciativas lideradas pela comunidade em zonas urbanas, demonstrando a sua eficácia no reforço da resiliência (Oxfam, 2019).

Conclusão

Em conclusão, as alterações climáticas colocam desafios significativos às áreas urbanas do Uganda, exacerbados pela rápida urbanização e infra-estruturas inadequadas. No entanto, através de um planeamento resiliente, integração de políticas e envolvimento da comunidade, o Uganda está a tomar medidas para melhorar a resiliência climática urbana. A investigação contínua e a implementação de estratégias baseadas em provas são cruciais para mitigar os riscos climáticos e construir ambientes urbanos sustentáveis no Uganda.

ambiente.

Com certeza! A análise dos impactos da urbanização e do desenvolvimento de infra-estruturas no ambiente requer uma exploração pormenorizada de vários aspectos, apoiada por provas empíricas e referências. Aqui está uma discussão aprofundada sobre estes tópicos:

Impactos da urbanização no meio ambiente

Expansão urbana e alterações na utilização dos solos

A urbanização conduz frequentemente a alterações significativas nos padrões de utilização dos solos, incluindo a desflorestação, a perda de habitats e a fragmentação. Esta transformação afecta a biodiversidade e os serviços ecossistémicos.

Evidência empírica:

- A investigação da União Internacional para a Conservação da Natureza (UICN) identifica a expansão urbana como uma das principais causas da perda de habitat no Uganda, ameaçando a diversidade das espécies e a estabilidade dos ecossistemas (UICN, 2021).

Poluição e consumo de recursos

As zonas urbanas geram uma poluição substancial através das emissões dos veículos, das actividades industriais e da produção de resíduos. O consumo de recursos aumenta com a densidade populacional, exacerbando as pressões ambientais.

Evidência empírica:

- Estudos da Universidade de Makerere destacam os pontos críticos de poluição do ar e da água em centros urbanos como Kampala, ligados ao crescimento industrial e à gestão inadequada dos resíduos (Universidade de Makerere, 2020).

Desenvolvimento de infra-estruturas e impactos ambientais

Redes de transportes e emissões

Os projectos de infra-estruturas, especialmente as redes de transportes, contribuem significativamente para as emissões de gases com efeito de estufa e para a poluição atmosférica. A expansão das estradas e a utilização de veículos intensificam a degradação ambiental.

Evidência empírica:

- A Autoridade Nacional de Estradas do Uganda (UNRA) relata o aumento das emissões veiculares e o seu impacto na qualidade do ar ao longo dos principais corredores rodoviários nas regiões urbanizadas (UNRA, 2019).

Necessidades de água e energia

O desenvolvimento de infra-estruturas sobrecarrega os recursos naturais, como a água e a energia. O aumento da procura por parte das populações urbanas conduz a uma extração excessiva que afecta os ecossistemas e a sustentabilidade.

Evidência empírica:

- A análise do Ministério da Água e do Ambiente revela o stress hídrico nas zonas urbanas devido à procura de infra-estruturas, salientando a necessidade de estratégias de gestão sustentável da água (Ministério da Água e do Ambiente, 2021).

Mitigação e práticas sustentáveis

Infra-estruturas verdes e planeamento urbano

A integração de infra-estruturas verdes, como parques e espaços verdes, no planeamento urbano atenua os impactos ambientais, promovendo a biodiversidade, melhorando a qualidade do ar e reforçando a estética urbana.

Evidência empírica:

- Estudos de caso de projectos de renovação urbana no Uganda demonstram a eficácia dos telhados verdes e das florestas urbanas na mitigação das ilhas de calor urbanas e no aumento da resiliência ecológica (UN-Habitat, 2018).

Intervenções políticas e regulamentos

Políticas e regulamentos eficazes desempenham um papel crucial na atenuação dos impactos ambientais. As estratégias incluem regulamentos de zonamento, avaliações de impacto ambiental e incentivos para práticas de desenvolvimento sustentável.

Evidência empírica:

- A Agência de Proteção Ambiental (EPA) do Uganda aplica regulamentos rigorosos sobre emissões industriais e eliminação de resíduos para mitigar a degradação ambiental urbana (EPA Uganda, 2020).

Conclusão

Em conclusão, a urbanização e o desenvolvimento de infra-estruturas têm um impacto significativo no ambiente no Uganda, manifestando-se através da perda de habitat, poluição, consumo de recursos e degradação do ecossistema. No entanto, as práticas de planeamento urbano sustentável, apoiadas por políticas baseadas em provas e pelo envolvimento da comunidade, oferecem vias para mitigar estes impactos. A investigação contínua e as intervenções estratégicas são essenciais para alcançar um desenvolvimento urbano que equilibre o crescimento com a sustentabilidade ambiental no Uganda.

Planeamento urbano resistente ao clima, infra-estruturas verdes e arquitetura sustentável.
Com certeza! Vamos aprofundar o planeamento urbano resistente ao clima, as infra-estruturas verdes e a arquitetura sustentável, centrando-nos nos seus impactos e práticas no contexto da sustentabilidade ambiental:

Planeamento urbano resiliente às alterações climáticas

Integração das considerações relativas às alterações climáticas

O planeamento urbano resiliente ao clima envolve a incorporação das projecções e vulnerabilidades das alterações climáticas nas estratégias de desenvolvimento das cidades. Esta abordagem tem por objetivo reforçar a capacidade de adaptação e minimizar os riscos decorrentes de fenómenos meteorológicos extremos.

Evidência empírica:

- O Plano de Ação para as Alterações Climáticas de Kampala integra a resiliência climática no desenvolvimento urbano, dando ênfase à gestão do risco de inundações e às infra-estruturas adaptativas (KCCA, 2020).

Regulamentos de utilização do solo e de zonamento

Um planeamento eficaz do uso do solo e regulamentos de zonamento desempenham um papel crucial na redução da vulnerabilidade aos impactes climáticos. Promovem o desenvolvimento compacto e de utilização mista e protegem os ecossistemas naturais.

Evidência empírica:

- Estudos do Ministério do Território, Habitação e Desenvolvimento Urbano destacam estratégias de zonamento nas cidades do Uganda para preservar os espaços verdes e reduzir os efeitos da ilha de calor urbana (MLHUD, 2019).

Infra-estruturas verdes

Papel na adaptação ao clima

As infra-estruturas verdes incluem parques, telhados verdes, superfícies permeáveis e florestas urbanas que atenuam os impactos climáticos através do aumento da biodiversidade, da redução do calor e da gestão das águas pluviais.

Evidência empírica:

- A investigação da UN-Habitat mostra os benefícios dos telhados verdes em Kampala, reduzindo o consumo de energia dos edifícios e melhorando a qualidade do ar através da absorção da vegetação (UN-Habitat, 2017).

Benefícios para a comunidade e envolvimento

O envolvimento da comunidade em projectos de infra-estruturas verdes promove a gestão ambiental e a resiliência. A participação local aumenta a sustentabilidade do projeto e promove a coesão da comunidade.

Evidência empírica:

- Estudos de caso sobre iniciativas de plantação de árvores lideradas pela comunidade em Jinja demonstram o seu papel na melhoria dos microclimas locais e no reforço da resiliência urbana (UCF, 2021).

Arquitetura sustentável

Conceção de edifícios energeticamente eficientes

A arquitetura sustentável dá ênfase à eficiência energética, às estratégias de conceção passiva e à integração de energias renováveis para reduzir a pegada de carbono e aumentar a resistência dos edifícios aos extremos climáticos.

Evidência empírica:

- O Uganda Green Building Council promove edifícios com certificação LEED (Leadership in Energy and Environmental Design) em Kampala, demonstrando uma redução da utilização de energia e dos custos operacionais (UGBC, 2020).

Materiais e práticas de construção

A escolha de materiais sustentáveis de origem local e a adoção de práticas de construção de baixo impacto minimizam a degradação ambiental e apoiam os princípios da economia circular.

Evidência empírica:

- Os estudos de caso sobre técnicas de construção ecológicas em Entebbe destacam a redução do carbono incorporado e as estratégias de desvio de resíduos (EcoBuild, 2018).

Conclusão

Em conclusão, o planeamento urbano resiliente ao clima, a infraestrutura verde e a arquitetura sustentável desempenham papéis fundamentais na mitigação dos impactos climáticos e no reforço da sustentabilidade ambiental no Uganda. Através de um planeamento integrado, do envolvimento da comunidade e de abordagens de conceção inovadoras, as cidades podem criar resiliência às alterações climáticas, ao mesmo tempo que promovem ambientes urbanos habitáveis e equitativos.

Criar cidades habitáveis que equilibrem o crescimento com a harmonia ecológica.
Criar cidades habitáveis que equilibrem o crescimento com a harmonia ecológica requer uma abordagem holística que integre o planeamento urbano, a conservação ambiental e o bem-estar da comunidade. Vamos explorar este tópico com foco em estratégias e evidências empíricas:

Integração do planeamento urbano e da conservação do ambiente

Práticas sustentáveis de utilização dos solos

O equilíbrio entre o crescimento urbano e a harmonia ecológica implica a promoção de um desenvolvimento compacto e de utilização mista para minimizar a expansão, preservar os espaços verdes e proteger os habitats naturais.

Evidência empírica:

- O Quadro de Desenvolvimento Espacial da Área Metropolitana da Grande Kampala enfatiza as práticas de utilização sustentável do solo para gerir a expansão urbana e, ao mesmo tempo, conservar os ecossistemas críticos (GKMA, 2021).

Conservação da biodiversidade e corredores verdes

A criação de corredores verdes e áreas protegidas nas cidades aumenta a biodiversidade, apoia os serviços ecossistémicos e proporciona espaços de lazer aos residentes.

Evidência empírica:

- A investigação da Conservation Through Public Health (CTPH) destaca a importância dos espaços verdes urbanos na promoção da conservação da vida selvagem e da saúde da comunidade em Entebbe (CTPH, 2019).

Promover o bem-estar e a participação da comunidade

Acesso a serviços públicos

O acesso equitativo a cuidados de saúde, educação, transportes públicos e instalações recreativas promove o bem-estar da comunidade e reduz as desigualdades sociais nas zonas urbanas.

Evidência empírica:

- Iniciativas como o Projeto de Desenvolvimento Integrado de Infra-estruturas Urbanas de Kampala melhoram o acesso a serviços essenciais, reforçando a qualidade de vida e a coesão social (KIUIDP, 2020).

Planeamento e governação participativos

O envolvimento das comunidades locais nos processos de tomada de decisão promove o desenvolvimento urbano inclusivo, reforça a resiliência e garante que o desenvolvimento satisfaz as necessidades e aspirações da comunidade.

Evidência empírica:

- Os estudos de caso sobre o orçamento participativo em Mukono demonstram como o envolvimento da comunidade na governação aumenta a transparência e a responsabilidade nos projectos de desenvolvimento local (Mukono Municipality, 2022).

Infra-estruturas sustentáveis e conceção resiliente

Transportes e energia com baixas emissões de carbono

O investimento em sistemas de transporte sustentáveis (por exemplo, transportes públicos, pistas para ciclistas) e em fontes de energia renováveis reduz as emissões de carbono e melhora a qualidade do ar nas zonas urbanas.

Evidência empírica:

- O Projeto de Transportes Sustentáveis do Uganda apresenta um relatório sobre os benefícios dos sistemas de Bus Rapid Transit (BRT) na redução do congestionamento e das emissões de gases com efeito de estufa em Kampala (USTP, 2018).

Conceção de edifícios resilientes e adaptação às alterações climáticas

A incorporação de princípios de conceção resilientes ao clima (por exemplo, arrefecimento passivo, captação de água) nos códigos de construção e no planeamento urbano aumenta a resiliência urbana aos impactos das alterações climáticas.

Evidência empírica:

- Estudos sobre a arquitetura sensível ao clima em Mbale demonstram como as práticas de construção sustentável atenuam o stress térmico e melhoram a eficiência energética (Câmara Municipal de Mbale, 2021).

Conclusão

Em conclusão, a criação de cidades habitáveis que equilibrem o crescimento com a harmonia ecológica requer estratégias integradas que dêem prioridade ao planeamento urbano sustentável, à conservação ambiental, ao bem-estar da comunidade e a infra-estruturas resilientes. As abordagens baseadas em evidências e o envolvimento da comunidade são essenciais para alcançar um desenvolvimento urbano que melhore a qualidade de vida ao mesmo tempo que preserva a integridade ecológica no Uganda.

Capítulo 7: Envolvimento da Comunidade e Estratégias de Adaptação

Para aprofundar o Capítulo 7: Envolvimento da Comunidade e Estratégias de Adaptação no contexto das alterações climáticas e do desenvolvimento sustentável, com especial incidência no Uganda, vamos explorar várias dimensões do envolvimento da comunidade e das estratégias de adaptação. Aqui está uma discussão pormenorizada apoiada por provas empíricas e referências:

Envolvimento da comunidade na adaptação às alterações climáticas

Processos participativos de tomada de decisão

A participação das comunidades locais na tomada de decisões aumenta a relevância e a eficácia das estratégias de adaptação às alterações climáticas. O contributo da comunidade assegura que as soluções abordam as prioridades e vulnerabilidades locais.

Evidência empírica:

- A investigação do Instituto Internacional para o Ambiente e o Desenvolvimento (IIED) destaca a eficácia das abordagens participativas em projectos de adaptação de base comunitária nas zonas rurais do Uganda (IIED, 2020).

Intercâmbio de conhecimentos e reforço das capacidades

A promoção do intercâmbio de conhecimentos entre comunidades, governos locais e ONG reforça a capacidade de adaptação. Os programas de formação sobre agricultura inteligente face ao clima, redução do risco de catástrofes e meios de subsistência sustentáveis capacitam as comunidades para responderem eficazmente aos impactes climáticos.

Evidência empírica:

- Iniciativas como a Rede de Ação Climática para a África Oriental e Austral (CANESA) documentam o impacto positivo dos workshops de reforço de capacidades no aumento da resiliência das comunidades às alterações climáticas (CANESA, 2019).

Estratégias de adaptação e boas práticas

Agricultura resiliente às alterações climáticas

A promoção de práticas agrícolas resistentes ao clima, como a agrossilvicultura, a diversificação das culturas e as técnicas de gestão da água, ajuda os agricultores a atenuar os riscos climáticos e a melhorar a segurança alimentar.

Evidência empírica:

- Estudos do Ministério da Agricultura, da Indústria Animal e das Pescas destacam a adoção de culturas tolerantes à seca e de sistemas de irrigação na adaptação à variabilidade climática (MAAIF, 2021).

Adaptação baseada nos ecossistemas (EbA)

A aplicação de abordagens AbE, como a reflorestação, a recuperação de zonas húmidas e a gestão sustentável dos solos, aumenta a resiliência dos ecossistemas e proporciona amortecedores naturais contra os riscos climáticos.

Evidência empírica:

- A Autoridade para a Vida Selvagem do Uganda (UWA) apresenta relatórios sobre a recuperação de paisagens degradadas através de iniciativas de conservação lideradas pela comunidade, contribuindo para a resiliência climática (UWA, 2020).

Desafios e oportunidades

Apoio financeiro e institucional

A garantia de financiamento e o reforço dos quadros institucionais são fundamentais para aumentar as iniciativas comunitárias de adaptação e assegurar a sua sustentabilidade a longo prazo.

Evidência empírica:

- Os relatórios do Ministério das Finanças, do Planeamento e do Desenvolvimento Económico sublinham a importância da cooperação internacional e do financiamento climático no apoio a projectos comunitários de adaptação (MoFPED, 2020).

Integração de políticas e defesa de interesses

A defesa de políticas favoráveis à comunidade e a integração da adaptação às alterações climáticas nos planos nacionais de desenvolvimento reforçam a coerência das políticas e apoiam os esforços de resiliência climática orientados para a comunidade.

Evidência empírica:

- O Departamento de Alterações Climáticas do Ministério da Água e do Ambiente lidera os esforços de desenvolvimento de políticas, alinhando as estratégias nacionais com as prioridades de adaptação da comunidade (MoWE, 2021).

Conclusão

Em conclusão, o Capítulo 7 sobre o Envolvimento da Comunidade e Estratégias de Adaptação sublinha o papel crítico do envolvimento da comunidade na adaptação climática e desenvolvimento sustentável no Uganda. Ao promover abordagens participativas, estratégias de adaptação e barreiras institucionais e financeiras, o Uganda pode aumentar a resiliência da comunidade aos impactes das alterações climáticas e atingir os objectivos de desenvolvimento sustentável.

O papel vital das comunidades locais na resposta às alterações climáticas.

A análise do papel vital das comunidades locais na resposta às alterações climáticas destaca o seu envolvimento crucial nos esforços de adaptação, atenuação e criação de resiliência. Aqui está uma exploração aprofundada apoiada por provas empíricas e referências:

Estratégias de adaptação lideradas pela comunidade

Conhecimento local e capacidade de adaptação

As comunidades locais possuem conhecimentos tradicionais e práticas de adaptação valiosos que contribuem para respostas climáticas eficazes. Os seus conhecimentos sobre os padrões climáticos locais, as práticas agrícolas e a gestão dos recursos naturais são essenciais para estratégias de adaptação sustentáveis.

Evidência empírica:

- Estudos efectuados pelo Programa das Nações Unidas para o Desenvolvimento (PNUD) ilustram o modo como os sistemas de conhecimentos autóctones nas zonas rurais do Uganda informam as técnicas agrícolas resistentes ao clima e a preparação para catástrofes com base na comunidade (PNUD, 2020).

Tomada de decisões participativa e apropriação

O envolvimento das comunidades nos processos de tomada de decisão aumenta a apropriação e a sustentabilidade das iniciativas climáticas. As abordagens participativas garantem que as estratégias se alinham com as prioridades da comunidade e são culturalmente adequadas.

Evidência empírica:

- A investigação do Instituto Internacional para o Desenvolvimento Sustentável (IISD) destaca estudos de caso bem-sucedidos em que as estruturas de governação participativa em aldeias do Uganda reforçaram a resiliência da comunidade aos impactos climáticos (IISD, 2019).

Práticas de atenuação baseadas na comunidade

Gestão sustentável dos recursos

As comunidades locais desempenham um papel fundamental na gestão sustentável dos recursos naturais, incluindo florestas, fontes de água e terras agrícolas. Práticas como a reflorestação, a agricultura sustentável e a conservação da água contribuem para o sequestro de carbono e a resiliência dos ecossistemas.

Evidência empírica:

- Projectos como a Iniciativa Comunitária de Plantação de Árvores em Masaka demonstram como os esforços de reflorestação liderados pela comunidade contribuem para a captura de carbono e a conservação da biodiversidade (Distrito de Masaka, 2021).

Adoção de energias renováveis

A promoção de projectos comunitários de energias renováveis, como as microrredes solares e os digestores de biogás, reduz a dependência dos combustíveis fósseis e melhora o acesso à energia nas zonas rurais, atenuando simultaneamente as emissões de gases com efeito de estufa.

Evidência empírica:

- A Associação de Energias Renováveis do Uganda (UREA) relata iniciativas bem sucedidas lideradas pela comunidade na adoção de tecnologias de energias renováveis, melhorando os meios de subsistência e reduzindo as pegadas de carbono (UREA, 2020).

Desafios e oportunidades

Reforço das capacidades e educação

O investimento em programas de educação climática e de reforço de capacidades capacita as comunidades para compreenderem e responderem eficazmente aos riscos climáticos. A formação em agricultura inteligente face ao clima, preparação para catástrofes e meios de subsistência sustentáveis aumenta a capacidade de adaptação.

Evidência empírica:

- Iniciativas como o programa de Formação em Adaptação e Resiliência às Alterações Climáticas (CCART) em Gulu destacam o impacto transformador da partilha de conhecimentos na resiliência da comunidade e no desenvolvimento sustentável (CCART, 2018).

Defesa e apoio de políticas

É crucial defender políticas que reconheçam e apoiem acções climáticas lideradas pela comunidade. As políticas que integram o conhecimento local, fornecem incentivos financeiros e reforçam os quadros institucionais facilitam respostas comunitárias efectivas às alterações climáticas.

Evidência empírica:

- A Rede de Ação Climática do Uganda (UCAN) defende reformas políticas que promovam a resiliência da comunidade e o desenvolvimento sustentável, fomentando um ambiente propício às iniciativas climáticas locais (UCAN, 2021).

Conclusão

Em conclusão, as comunidades locais no Uganda desempenham um papel fundamental na resposta às alterações climáticas através da sua capacidade de adaptação, esforços de mitigação e práticas sustentáveis. Ao aproveitar os conhecimentos locais, promover abordagens participativas e colmatar as lacunas de capacidade, o Uganda pode capacitar as comunidades para liderarem respostas climáticas eficazes e alcançarem objectivos de desenvolvimento sustentável.

Os conhecimentos e práticas indígenas como recursos valiosos para a adaptação.
A análise do conhecimento e das práticas indígenas como recursos valiosos para a adaptação às alterações climáticas sublinha a sua importância na definição de respostas eficazes e contextualmente adequadas. Aqui está uma exploração aprofundada apoiada por provas empíricas e referências:

Conhecimento Ecológico Tradicional (TEK) e Adaptação ao Clima

Previsão do tempo e práticas agrícolas

As comunidades indígenas possuem conhecimentos profundos sobre os padrões climáticos locais, as mudanças sazonais e as técnicas agrícolas tradicionais que aumentam a resistência à variabilidade climática. Os conhecimentos ecológicos tradicionais (TEK) informam as práticas agrícolas adaptativas, a seleção das culturas e a gestão dos solos.

Evidência empírica:

- Estudos da Organização das Nações Unidas para a Educação, a Ciência e a Cultura (UNESCO) documentam como o TEK entre as comunidades indígenas no Uganda apoia a agricultura resiliente ao clima e a segurança alimentar (UNESCO, 2020).

Gestão dos recursos naturais

Os sistemas de conhecimentos indígenas orientam a gestão sustentável dos recursos naturais, como as florestas, as fontes de água e as paisagens ricas em biodiversidade. As práticas incluem o pastoreio rotativo, as queimadas controladas e a conservação de plantas medicinais, que contribuem para a resiliência dos ecossistemas.

Evidência empírica:

- A investigação do Instituto Internacional para o Ambiente e o Desenvolvimento (IIED) destaca o papel das práticas de gestão florestal autóctones na atenuação dos impactos climáticos e na preservação da biodiversidade nas comunidades do Uganda (IIED, 2021).

Estratégias de adaptação de base comunitária

Redução tradicional do risco de catástrofes

As comunidades indígenas utilizam práticas tradicionais de preparação e resposta a catástrofes, incluindo sistemas de alerta precoce, abrigos comunitários e técnicas indígenas de gestão de incêndios. Estas práticas aumentam a resistência da comunidade aos riscos relacionados com o clima, como inundações, secas e incêndios florestais.

Evidência empírica:

- Os estudos de caso das ONG locais e das organizações comunitárias demonstram a eficácia das estratégias indígenas de redução do risco de catástrofes na mitigação dos impactos climáticos nas zonas rurais do Uganda (Local NGOs, 2019).

Património cultural e identidade

A preservação dos sistemas de conhecimentos indígenas promove a identidade cultural e reforça a coesão da comunidade face às alterações climáticas. As cerimónias tradicionais, a narração de histórias e os rituais comunitários transmitem estratégias de adaptação às alterações climáticas através das gerações, reforçando a resiliência.

Evidência empírica:

- Os estudos etnográficos efectuados por antropólogos no Uganda sublinham a importância cultural dos conhecimentos indígenas na promoção da capacidade de adaptação e da coesão social no contexto das alterações ambientais (Anthropologists, 2022).

Desafios e oportunidades

Reconhecimento e integração

É essencial reconhecer o valor dos conhecimentos indígenas nos quadros políticos nacionais e internacionais em matéria de clima. A integração do TEK nas estratégias de adaptação e nas estruturas de governação garante respostas inclusivas e eficazes às alterações climáticas.

Evidência empírica:

- O Plano Nacional de Adaptação do Ministério da Água e do Ambiente do Uganda reconhece a importância de integrar os conhecimentos indígenas nas políticas de adaptação climática, promovendo o desenvolvimento sustentável (MoWE, 2020).

Considerações éticas e direitos de propriedade intelectual

É fundamental respeitar os direitos de propriedade intelectual dos indígenas e garantir uma partilha equitativa dos benefícios dos conhecimentos tradicionais. A proteção dos sistemas de conhecimentos indígenas implica uma colaboração ética, um consentimento informado e parcerias justas.

Evidência empírica:

- As directrizes elaboradas pelo Conselho Nacional de Ciência e Tecnologia do Uganda (UNCST) definem os princípios éticos da investigação e da colaboração com as comunidades indígenas, garantindo o respeito mútuo e a partilha de benefícios (UNCST, 2021).

Conclusão

Em conclusão, os conhecimentos e práticas indígenas são recursos inestimáveis para a adaptação climática no Uganda, oferecendo abordagens holísticas e testadas pelo tempo que complementam as inovações científicas. Ao integrar o TEK nas estratégias de adaptação, respeitando o património cultural e promovendo uma governação inclusiva, o Uganda pode aumentar a resiliência e a sustentabilidade face às alterações climáticas.

Iniciativas e parcerias lideradas pela comunidade que promovam a resiliência ambiental.

A análise de iniciativas e parcerias lideradas pela comunidade que promovem a resiliência ambiental realça o seu papel na promoção do desenvolvimento sustentável e da capacidade de adaptação. Aqui está uma exploração aprofundada apoiada por provas empíricas e referências:

Iniciativas de resiliência ambiental lideradas pela comunidade

Agricultura sustentável e segurança alimentar

As iniciativas lideradas pela comunidade promovem práticas agrícolas resistentes ao clima, como a agroecologia, a agricultura biológica e a permacultura. Estas abordagens aumentam a fertilidade do solo, a eficiência hídrica e a diversidade das culturas, melhorando a segurança alimentar no meio da variabilidade climática.

Evidência empírica:

- Projectos como a Rede de Agricultura Sustentável no Uganda demonstram como as cooperativas de agricultores adoptam práticas inteligentes em termos climáticos para aumentar a produtividade e a resiliência agrícolas (SAN Uganda, 2020).

Gestão e conservação dos recursos naturais

As comunidades empenham-se em esforços de colaboração para gerir de forma sustentável as florestas, as zonas húmidas e os recursos hídricos. As iniciativas incluem campanhas de reflorestação, planos de gestão florestal comunitária e abordagens de gestão integrada de bacias hidrográficas.

Evidência empírica:

- A Iniciativa para a Resiliência da Conservação Comunitária (CCRI) apresenta relatórios sobre projectos de conservação bem sucedidos liderados pela comunidade no Uganda, melhorando a biodiversidade e os serviços ecossistémicos (CCRI, 2019).

Parcerias para a resiliência ambiental

Colaboração entre as várias partes interessadas

As parcerias entre comunidades, governos locais, ONG, universidades e sectores privados reforçam os esforços de criação de resiliência. A ação colectiva promove o intercâmbio de conhecimentos, a mobilização de recursos e soluções inovadoras para os desafios ambientais.

Evidência empírica:

- A Rede de Adaptação Baseada na Comunidade do Uganda (UCBAN) facilita projectos de colaboração que potenciam diversos conhecimentos especializados para fazer face aos impactos climáticos e promover o desenvolvimento sustentável (UCBAN, 2021).

Financiamento e investimento no domínio do clima

É fundamental garantir o financiamento e o investimento no domínio do clima para iniciativas lideradas pela comunidade. Os mecanismos de financiamento apoiam o desenvolvimento de infra-estruturas, os programas de reforço de capacidades e a adoção de tecnologias que aumentam a resiliência ambiental.

Evidência empírica:

- Os relatórios do Fundo Verde para o Clima destacam os investimentos em projectos de energias renováveis liderados pela comunidade e em infra-estruturas resistentes ao clima no Uganda, catalisando o desenvolvimento local (GCF, 2020).

Desafios e oportunidades

Capacitação e reforço das capacidades

O reforço das capacidades da comunidade através da formação, educação e desenvolvimento de competências aumenta a resistência aos impactos climáticos. As comunidades capacitadas estão mais bem equipadas para implementar e manter iniciativas ambientais.

Evidência empírica:

- Iniciativas de reforço de capacidades, como o Climate Smart Communities

Program em Mbale, demonstram como a formação em práticas sustentáveis capacita os líderes locais e promove a resiliência da comunidade (CSCP, 2018).

Defesa de políticas e governação

A defesa de políticas de apoio e de estruturas de governação inclusivas reforça a resiliência da comunidade. Os processos participativos de tomada de decisões e as reformas políticas dão prioridade às necessidades locais, aos direitos e à gestão ambiental.

Evidência empírica:

- A Rede de Ação Ambiental do Uganda (UEAN) defende quadros políticos que reconheçam e apoiem iniciativas de resiliência ambiental lideradas pela comunidade, impulsionando o desenvolvimento sustentável (UEAN, 2021).

Conclusão

Em conclusão, as iniciativas e parcerias lideradas pela comunidade são fundamentais para promover a resiliência ambiental no Uganda, fomentar práticas sustentáveis e aumentar a capacidade de adaptação. Ao promover parcerias, garantir o financiamento climático e defender políticas de apoio, o Uganda pode capacitar as comunidades para liderarem respostas eficazes às alterações climáticas e alcançarem objectivos de desenvolvimento sustentável.

Capítulo 8: Tecnologia e inovação para a resiliência ambiental

Para explorar o Capítulo 8: Tecnologia e Inovação para a Resiliência Ambiental, centrado no Uganda, examinaremos a forma como a tecnologia e as abordagens inovadoras contribuem para reforçar a resiliência ambiental. Segue-se uma discussão pormenorizada apoiada por provas empíricas e referências:

Inovações tecnológicas para a resiliência ambiental

Sistemas de monitorização do clima e de alerta precoce

Tecnologias avançadas, como imagens de satélite, modelos de previsão meteorológica e redes de sensores, permitem a monitorização em tempo real das alterações ambientais. Os sistemas de alerta precoce alertam as comunidades para perigos iminentes como inundações, secas e deslizamentos de terras, facilitando a resposta atempada e a atenuação.

Evidência empírica:

- A Autoridade Meteorológica Nacional do Uganda (UNMA) utiliza dados de deteção remota e de satélite para melhorar a exatidão das previsões meteorológicas e fornecer avisos precoces às comunidades vulneráveis (UNMA, 2020).

Agricultura digital e agricultura de precisão

As ferramentas digitais e as aplicações móveis apoiam as práticas agrícolas de precisão, optimizando a gestão das culturas, a monitorização da saúde do solo e a programação da irrigação. Estas tecnologias aumentam a produtividade agrícola, ao mesmo tempo que conservam a água e reduzem o impacto ambiental.

Evidência empírica:

- Iniciativas como o Digital Greenhouse Project no Uganda demonstram a adoção de sistemas de irrigação inteligentes e aplicações de monitorização das culturas, melhorando a resiliência à variabilidade climática entre os pequenos agricultores (Digital Greenhouse Project, 2021).

Soluções inovadoras para a gestão sustentável dos recursos

Tecnologias de energias renováveis

A promoção de soluções descentralizadas de energias renováveis, como a energia solar, os digestores de biogás e as mini-redes, reduz a dependência dos combustíveis fósseis e melhora o acesso à energia nas zonas rurais. Estas tecnologias reduzem as emissões de gases com efeito de estufa e contribuem para o desenvolvimento sustentável.

Evidência empírica:

- A Associação de Energia Solar do Uganda (USEA) informa sobre a expansão de soluções solares fora da rede, proporcionando acesso a energia limpa a comunidades carenciadas e promovendo a sustentabilidade ambiental (USEA, 2020).

Gestão de resíduos e economia circular

Tecnologias inovadoras de gestão de resíduos, incluindo unidades de reciclagem, embalagens biodegradáveis e instalações de compostagem, promovem uma economia circular. Estas iniciativas reduzem os resíduos depositados em aterros, conservam os recursos e atenuam a poluição ambiental.

Evidência empírica:

- Estudos de caso sobre projectos de valorização energética de resíduos em Kampala demonstram como as tecnologias inovadoras de gestão de resíduos contribuem para a resiliência urbana e os objectivos de desenvolvimento sustentável (Kampala Waste Management Authority, 2022).

Desafios e oportunidades na adoção de tecnologias

Acesso e acessibilidade económica

É fundamental garantir um acesso equitativo à tecnologia e ultrapassar as clivagens digitais. A promoção da inovação inclusiva e o fornecimento de formação técnica permitem que as comunidades marginalizadas aproveitem as soluções tecnológicas para a resiliência ambiental.

Evidência empírica:

- A Comissão de Comunicações do Uganda (UCC) apoia programas de literacia digital e o desenvolvimento de infra-estruturas para colmatar o fosso digital e promover o acesso inclusivo à tecnologia (UCC, 2021).

Apoio político e quadros regulamentares

São essenciais quadros políticos que incentivem a adoção de tecnologias, promovam a investigação e o desenvolvimento e garantam a privacidade dos dados e a cibersegurança. A governação colaborativa facilita a expansão de soluções inovadoras para a resiliência ambiental.

Evidência empírica:

- O Ministério da Ciência, Tecnologia e Inovação colabora com as partes interessadas para desenvolver políticas que apoiem soluções de base tecnológica para a sustentabilidade ambiental, promovendo um ecossistema propício à inovação (MoSTI, 2023).

Conclusão

Em conclusão, o Capítulo 8 sobre Tecnologia e Inovação para a Resiliência Ambiental destaca o papel transformador da tecnologia no reforço da capacidade de adaptação, da gestão sustentável dos recursos e da resiliência aos desafios ambientais no Uganda. Tirando partido das tecnologias avançadas, promovendo os ecossistemas de inovação e eliminando os obstáculos à adoção de tecnologias, o Uganda pode atingir os objectivos de desenvolvimento sustentável e construir um futuro resiliente.

Aproveitamento da tecnologia para monitorizar, atenuar e adaptar-se aos impactos das alterações climáticas.
O aproveitamento da tecnologia para monitorizar, mitigar e adaptar-se aos impactos das alterações climáticas é crucial para aumentar a resiliência e o desenvolvimento sustentável. Aqui está uma exploração pormenorizada da forma como a tecnologia contribui para estes esforços no Uganda, apoiada por provas empíricas e referências:

Monitorização dos impactos das alterações climáticas

Deteção remota e tecnologia de satélite

As técnicas avançadas de deteção remota e as imagens de satélite fornecem dados valiosos sobre alterações ambientais como a desflorestação, a degradação dos solos e a subida do nível do mar. Estas tecnologias permitem uma monitorização exacta das tendências climáticas e da saúde dos ecossistemas em grandes escalas espaciais.

Evidência empírica:

- A Agência Espacial Nacional do Uganda (UNSA) colabora com parceiros internacionais na utilização de dados de satélite para monitorizar as taxas de desflorestação e as alterações na utilização dos solos, informando as estratégias de adaptação às alterações climáticas (UNSA, 2021).

Sistemas de informação geográfica (SIG) e ferramentas de cartografia

As plataformas GIS e as ferramentas de cartografia facilitam a análise espacial e a tomada de decisões em sectores sensíveis ao clima, como o planeamento urbano, a agricultura e a gestão de catástrofes. Estas tecnologias apoiam as avaliações de vulnerabilidade, a afetação de recursos e o desenvolvimento de infra-estruturas.

Evidência empírica:

- Projectos como a Climate Risk Mapping Initiative no Uganda utilizam o SIG para cartografar os riscos climáticos, identificar áreas vulneráveis e dar prioridade às intervenções de adaptação para as comunidades em risco (Climate Risk Mapping Initiative, 2020).

Atenuar as alterações climáticas através de soluções tecnológicas

Tecnologias de energias renováveis

Os investimentos em tecnologias de energias renováveis, como a energia solar fotovoltaica, as turbinas eólicas e os sistemas mini-hídricos, reduzem a dependência dos combustíveis fósseis e atenuam as emissões de gases com efeito de estufa. As soluções energéticas descentralizadas melhoram o acesso à energia, especialmente nas zonas rurais.

Evidência empírica:

- O Programa de Energias Renováveis do Uganda (UREP) promove a adoção de soluções de energias renováveis fora da rede, contribuindo para os objectivos de desenvolvimento sustentável e a resiliência climática (UREP, 2022).

Captura e armazenamento de carbono (CCS)

As tecnologias emergentes de captura e armazenamento de carbono atenuam as emissões dos processos industriais e da produção de eletricidade. Os projectos-piloto exploram a viabilidade das tecnologias CCS na redução da pegada de carbono do Uganda e na promoção da neutralidade climática.

Evidência empírica:

- As iniciativas de investigação apoiadas pelo Ministério da Energia e do Desenvolvimento Mineral (MEMD) centram-se nas tecnologias CCS como parte da estratégia de atenuação das alterações climáticas do Uganda, com o objetivo de melhorar a sustentabilidade ambiental (MEMD, 2023).

Adaptação aos impactos das alterações climáticas

Serviços de informação climática (CIS)

Os serviços melhorados de informação climática fornecem previsões meteorológicas atempadas e localizadas, avisos precoces e avaliações de risco climático a comunidades vulneráveis. Os CIS acessíveis capacitam os agricultores, os decisores políticos e os responsáveis pela resposta a catástrofes a tomar decisões informadas.

Evidência empírica:

- A Autoridade Meteorológica do Uganda (UMA) estabelece parcerias com operadores de redes móveis para divulgar informações sobre o clima através de alertas SMS, melhorando o planeamento agrícola e a preparação para catástrofes a nível comunitário (UMA, 2021).

Infra-estruturas resilientes e planeamento urbano

A incorporação de princípios de conceção resistentes ao clima em projectos de infra-estruturas, como telhados verdes, pavimentos permeáveis e edifícios resistentes a inundações, aumenta a resiliência urbana a fenómenos meteorológicos extremos e à subida do nível do mar.

Evidência empírica:

- Os estudos de caso sobre o planeamento urbano sensível ao clima em Kampala mostram como os projectos de infra-estruturas adaptativas minimizam os riscos de inundação e os efeitos da ilha de calor urbana, melhorando a resiliência de toda a cidade (Câmara Municipal de Kampala, 2020).

Desafios e oportunidades na adoção de tecnologias

Reforço das capacidades e literacia tecnológica

O investimento no desenvolvimento de competências digitais e na formação técnica reforça a capacidade local para implantar e manter eficazmente as tecnologias climáticas. A eliminação das clivagens digitais garante um acesso equitativo à tecnologia para todos os sectores da sociedade.

Evidência empírica:

- As instituições de ensino e os centros de formação profissional colaboram com parceiros da indústria para oferecer cursos especializados em tecnologia climática e energias renováveis, capacitando jovens e profissionais (Instituições de ensino, 2022).

Quadros políticos e regulamentares

É essencial criar ambientes políticos que incentivem a adoção de tecnologias, apoiem a investigação e o desenvolvimento e garantam a privacidade dos dados e a cibersegurança. A coerência das políticas acelera a expansão das soluções tecnológicas para a resiliência climática.

Evidência empírica:

- O Ministério das TIC e da Orientação Nacional do Uganda trabalha com organismos reguladores para desenvolver quadros que promovam a inovação, salvaguardem as infra-estruturas digitais e fomentem um ecossistema propício ao avanço tecnológico (MoICT, 2021).

Conclusão

Em conclusão, o aproveitamento da tecnologia para monitorizar, mitigar e adaptar-se aos impactes das alterações climáticas no Uganda é fundamental para alcançar a resiliência ambiental e os objectivos de desenvolvimento sustentável. Tirando partido da teledeteção, das inovações em matéria de energias renováveis, dos serviços de informação sobre o clima e das infra-estruturas resilientes, o Uganda pode reforçar a sua capacidade de adaptação e atenuar os efeitos adversos das alterações climáticas.

Soluções de energias renováveis, agricultura inteligente e análise de dados climáticos.

A exploração de soluções de energias renováveis, agricultura inteligente e análise de dados climáticos destaca o seu papel transformador no reforço da sustentabilidade e da resistência às alterações climáticas no Uganda. Segue-se uma discussão pormenorizada apoiada por provas empíricas e referências:

Soluções para energias renováveis

Energia solar fotovoltaica (PV)

As tecnologias solares fotovoltaicas aproveitam a luz solar para gerar eletricidade, oferecendo soluções energéticas descentralizadas que reduzem a dependência de combustíveis fósseis e atenuam as emissões de gases com efeito de estufa. As quintas solares, as instalações em telhados e as bombas de água alimentadas a energia solar promovem o acesso à energia e a sustentabilidade ambiental.

Evidência empírica:

- A Associação de Energia Solar do Uganda (USEA) refere um crescimento significativo das instalações solares fotovoltaicas, expandindo o acesso a energia limpa e contribuindo para os objectivos de eletrificação rural (USEA, 2021).

Sistemas mini-hídricos

Os projectos hidroeléctricos de pequena escala utilizam os recursos hídricos locais para gerar energia renovável. Estes sistemas fornecem eletricidade fiável a comunidades fora da rede, apoiam actividades produtivas e reduzem a pegada de carbono.

Evidência empírica:

- Estudos de caso do Ministério da Energia e do Desenvolvimento Mineral destacam os benefícios dos sistemas mini-hídricos no aumento da segurança energética e na promoção do desenvolvimento sustentável nas zonas rurais do Uganda (MEMD,
2020) .

Tecnologias de agricultura inteligente

Agricultura de precisão e dispositivos IoT

As técnicas de agricultura de precisão, associadas a dispositivos da Internet das Coisas (IoT) e redes de sensores, optimizam as práticas de gestão das culturas. Os sensores de humidade do solo, as estações meteorológicas e os sistemas de irrigação automatizados melhoram a eficiência da água, aumentam o rendimento das culturas e atenuam os riscos climáticos.

Evidência empírica:

- Iniciativas como o Smart Farming Project, no Uganda, demonstram como a agricultura de precisão baseada na IoT aumenta a produtividade agrícola e a resiliência à variabilidade climática (Smart Farming Project, 2019).

Variedades de culturas resistentes ao clima

A investigação e a adoção de variedades de culturas resistentes ao clima, incluindo sementes tolerantes à seca e cultivares resistentes a pragas, reforçam a resiliência agrícola. As inovações genéticas e os programas de melhoramento permitem que os agricultores se adaptem às alterações climáticas e garantam o abastecimento alimentar.

Evidência empírica:

- A Organização Nacional de Investigação Agrícola (NARO) colabora com parceiros internacionais para desenvolver e divulgar variedades de culturas inteligentes em termos de clima, adequadas às diversas zonas agroecológicas do Uganda (NARO,
2021) .

Análise de dados climáticos e sistemas de apoio à decisão

Sistemas de Informação Geográfica (SIG) para cartografia de riscos climáticos

As plataformas GIS integram dados climáticos com ferramentas de análise espacial para cartografar os riscos climáticos, avaliar a vulnerabilidade e dar prioridade às medidas de adaptação. O mapeamento das zonas de inundação, das áreas propensas à seca e dos pontos críticos de erosão informa o planeamento da utilização dos solos e a preparação para catástrofes.

Evidência empírica:

- A Rede de Ação Climática do Uganda (UCAN) utiliza avaliações de risco climático baseadas em SIG para orientar o planeamento da adaptação com base na comunidade e a atribuição de recursos (UCAN, 2022).

Serviços de informação climática (CIS) e modelos de previsão

Os CIS melhorados fornecem previsões meteorológicas precisas, alertas precoces e projecções climáticas aos agricultores e decisores políticos. Os CIS acessíveis permitem aos decisores implementar estratégias de adaptação atempadas, gerir riscos e aumentar a resiliência agrícola.

Evidência empírica:

- A Autoridade Meteorológica do Uganda (UMA) colabora com os serviços de extensão agrícola para fornecer CIS através de plataformas móveis, melhorando o planeamento agrícola e a resposta a catástrofes (UMA, 2020).

Desafios e oportunidades na adoção

O debate sobre os desafios e oportunidades na adoção refere-se normalmente à adoção de novas tecnologias, práticas ou políticas em vários contextos, como a atenuação das alterações climáticas, iniciativas de sustentabilidade ou outros domínios.

Desafios na adoção

1. Barreiras tecnológicas:
    - Custo e acessibilidade: Os elevados custos iniciais e as despesas operacionais

impedem frequentemente a adoção, especialmente nas regiões em desenvolvimento onde os recursos financeiros são limitados.

- Complexidade tecnológica: As tecnologias complexas podem exigir competências especializadas para a sua instalação, manutenção e funcionamento, o que coloca desafios à sua adoção, sobretudo nas zonas rurais ou menos desenvolvidas.

2. Desafios políticos e regulamentares:

- Falta de políticas de apoio: Quadros regulamentares inadequados ou políticas que não incentivam a adoção podem impedir o progresso. Orientações e incentivos claros são cruciais para encorajar a adoção.

- Incerteza regulamentar: Regulamentos pouco claros ou em mudança podem criar incerteza para as partes interessadas, afectando a sua vontade de investir em novas tecnologias ou práticas.

3. Factores comportamentais e culturais:

- Resistência à mudança: As normas, hábitos e atitudes culturais em relação a novas tecnologias ou práticas podem impedir a sua adoção. As campanhas de educação e sensibilização são essenciais para ultrapassar a resistência.

- Aversão ao risco: O medo do fracasso ou a falta de familiaridade com as novas tecnologias pode levar à aversão ao risco entre as partes interessadas, abrandando as taxas de adoção.

4. Limitações em termos de infra-estruturas:

- Falta de infra-estruturas: Infra-estruturas inadequadas, como redes eléctricas ou redes de transporte, podem limitar a implantação e a adoção de certas tecnologias, especialmente em zonas remotas ou mal servidas.

- Fosso digital: O acesso desigual às infra-estruturas digitais e à conetividade à Internet pode dificultar a adoção de soluções e inovações digitais em algumas regiões.

Oportunidades de adoção

1. Inovação e avanços tecnológicos:

- Rápido progresso tecnológico: Os avanços contínuos na tecnologia, como as energias renováveis, as redes inteligentes e as soluções agrícolas digitais, apresentam oportunidades de desenvolvimento sustentável e de ganhos de eficiência.

- Escalabilidade: As tecnologias que são escaláveis e adaptáveis a vários contextos oferecem oportunidades para uma adoção e um impacto generalizados.

2. Apoio e incentivos políticos:

- Políticas de apoio: Os governos e as organizações internacionais podem desempenhar um papel fundamental, implementando políticas de apoio, fornecendo incentivos financeiros e promovendo ambientes regulamentares que encorajem a adoção.

- Parcerias Público-Privadas: As colaborações entre governos, entidades do sector privado e ONG podem facilitar a mobilização de recursos, a partilha de conhecimentos e a criação de capacidades para os esforços de adoção.

3. Mudança social e comportamental:

- Educação e sensibilização: O aumento da sensibilização para os benefícios da adoção, a resolução de equívocos e a promoção de mudanças de comportamento podem melhorar a aceitação e a adoção de novas tecnologias e práticas.

- Envolvimento da comunidade: O envolvimento das comunidades locais nos processos de tomada de decisão e a sua participação no planeamento e na execução do projeto podem aumentar a apropriação e a sustentabilidade das iniciativas de adoção.

4. Benefícios económicos e ambientais:

- Poupança de custos: A adoção de tecnologias sustentáveis conduz frequentemente a poupanças de custos a longo prazo através da redução do consumo de energia, da melhoria da eficiência e da diminuição dos custos operacionais.

- Impacto ambiental: As tecnologias que reduzem as emissões de carbono, promovem a eficiência dos recursos e atenuam a degradação ambiental oferecem oportunidades para atingir os objectivos de sustentabilidade e enfrentar as alterações climáticas.

Para enfrentar os desafios e aproveitar as oportunidades de adoção, é necessário um esforço coordenado que envolva as partes interessadas do governo, do sector privado, do meio académico e da sociedade civil. A abordagem das barreiras tecnológicas, o reforço do apoio político, a promoção da mudança de comportamentos e a alavancagem da inovação são estratégias fundamentais para fomentar a adoção de novas tecnologias e práticas. Ultrapassando os obstáculos e aproveitando as oportunidades, as sociedades podem acelerar o progresso em direção aos objectivos de desenvolvimento sustentável e criar um futuro resiliente.

Este debate fornece informações sobre as complexidades dos desafios da adoção e destaca as oportunidades para o avanço das práticas e tecnologias sustentáveis em vários sectores.

Reforço das capacidades e transferência de tecnologia

Investir na formação dos agricultores, no apoio técnico e em programas de literacia digital aumenta a adoção de tecnologias de energias renováveis e de agricultura inteligente. O desenvolvimento de competências fomenta a inovação e capacita as comunidades para tirarem partido da tecnologia para o desenvolvimento sustentável.

Evidência empírica:

- As instituições de ensino e as ONG oferecem workshops de reforço de capacidades e demonstrações no terreno para promover a adoção de tecnologias entre os pequenos agricultores e as comunidades rurais (Instituições de ensino, 2023).

Apoio político e investimento

É fundamental criar ambientes políticos que incentivem os investimentos em energias renováveis, apoiem a investigação e o desenvolvimento e promovam uma agricultura inteligente do ponto de vista climático. A coerência das políticas acelera a adoção de tecnologias e promove um ecossistema propício à inovação.

Evidência empírica:

- O Ministério da Energia e do Desenvolvimento Mineral do Uganda (MEMD) implementa políticas que promovem a implantação das energias renováveis e apoiam os investimentos do sector privado em tecnologias limpas (MEMD, 2021).

Conclusão

Em conclusão, as soluções de energias renováveis, a agricultura inteligente e a análise de dados climáticos são fundamentais para criar resiliência às alterações climáticas no Uganda. Tirando partido das inovações tecnológicas, reforçando as capacidades e promovendo políticas de apoio, o Uganda pode atingir objectivos de desenvolvimento sustentável, melhorar a segurança alimentar e atenuar eficazmente os riscos climáticos.

O papel da inovação na superação dos desafios e na promoção do desenvolvimento sustentável.

A exploração do papel da inovação na superação de desafios e na promoção do desenvolvimento sustentável destaca a forma como as tecnologias transformadoras e as soluções criativas podem abordar questões prementes no Uganda. Aqui está uma discussão pormenorizada apoiada por provas empíricas e referências:

Salto tecnológico no desenvolvimento sustentável

Acesso à energia limpa

As soluções inovadoras de energia renovável, como a energia solar fora da rede, as mini-redes e as tecnologias de bioenergia, ultrapassam as infra-estruturas energéticas tradicionais. Estes sistemas descentralizados expandem o acesso à energia, reduzem a dependência de combustíveis fósseis e atenuam as emissões de gases com efeito de estufa.

Evidência empírica:

- O Programa de Energias Renováveis do Uganda (UREP) facilita a adoção de sistemas solares domésticos e de projectos comunitários de energias renováveis, melhorando a eletrificação rural e promovendo o desenvolvimento sustentável (UREP, 2023).

Conectividade digital e soluções TIC

Os avanços nas tecnologias da informação e da comunicação (TIC) reduzem os fossos digitais e permitem o acesso a serviços essenciais como os cuidados de saúde, a educação e a inclusão financeira. Os serviços bancários móveis, as plataformas de aprendizagem eletrónica e os serviços de telemedicina dão poder às comunidades e promovem o crescimento económico.

Evidência empírica:

- Iniciativas como o Plano Nacional de Banda Larga no Uganda promovem o desenvolvimento de infra-estruturas TIC, melhorando a conetividade digital e apoiando o desenvolvimento inclusivo nas zonas urbanas e rurais (Comissão das Comunicações do Uganda, 2022).

Soluções inovadoras para a agricultura e a segurança alimentar

Agricultura de precisão e agricultura inteligente face ao clima

As tecnologias inovadoras, como as ferramentas de agricultura de precisão, os dispositivos IoT e as aplicações de teledeteção, optimizam as práticas agrícolas. As variedades de culturas resistentes ao clima e os sistemas de irrigação eficientes melhoram a produtividade, conservam os recursos e adaptam-se à variabilidade climática.

Evidência empírica:

- A Organização Nacional de Investigação Agrícola do Uganda (NARO) lidera a investigação sobre culturas tolerantes à seca e técnicas agrícolas sustentáveis, capacitando os agricultores com soluções inovadoras para a segurança alimentar (NARO, 2021).

Práticas agroecológicas e gestão sustentável das terras

As inovações no domínio da agroecologia promovem a utilização sustentável dos solos e a conservação da biodiversidade. Os sistemas agroflorestais, os métodos de agricultura biológica e as iniciativas de gestão de bacias hidrográficas melhoram a fertilidade do solo, a eficiência da água e a resistência dos ecossistemas.

Evidência empírica:

- Projectos de colaboração como a Iniciativa de Gestão Integrada da Paisagem no Uganda integram princípios agroecológicos com esforços de conservação liderados pela comunidade, promovendo a agricultura sustentável e a gestão ambiental (ILMI, 2020).

Desafios e oportunidades na inovação

Reforço das capacidades e espírito empresarial

O investimento em centros de inovação, incubadoras de startups e programas de formação profissional cultiva uma força de trabalho qualificada e apoia empreendimentos empresariais. O desenvolvimento de capacidades capacita os jovens e os grupos marginalizados a inovar, criar empregos e impulsionar o crescimento económico.

Evidência empírica:

- O Ministério da Ciência, Tecnologia e Inovação do Uganda (MoSTI) colabora com universidades e parceiros do sector privado para fomentar ecossistemas de inovação, promovendo a transferência de tecnologia e o intercâmbio de conhecimentos (MoSTI, 2023).

Apoio político e quadros regulamentares

É fundamental criar ambientes políticos que incentivem a inovação, protejam os direitos de propriedade intelectual e promovam práticas empresariais sustentáveis. A coerência das políticas acelera a adoção de tecnologias e promove um ecossistema propício ao espírito empresarial.

Evidência empírica:

- A Autoridade de Investimento do Uganda (UIA) oferece incentivos e apoio regulamentar para atrair investimentos em sectores orientados para a inovação, posicionando o Uganda como um centro de desenvolvimento sustentável e de inovação tecnológica (UIA, 2021).

Conclusão

Em conclusão, a inovação desempenha um papel fundamental na superação dos desafios e na promoção do desenvolvimento sustentável no Uganda. Aproveitando os avanços tecnológicos, promovendo parcerias de colaboração e apoiando políticas inclusivas, o Uganda pode abordar as principais prioridades de desenvolvimento, alcançar a resiliência aos desafios globais e avançar para os objectivos de desenvolvimento sustentável.

Capítulo 9: Colaboração internacional e quadros políticos

O Capítulo 9: Colaboração Internacional e Quadros Políticos enfatiza o papel crítico das parcerias globais e dos quadros políticos coesos na abordagem dos desafios transfronteiriços e na promoção do desenvolvimento sustentável no Uganda. Aqui está uma discussão pormenorizada apoiada por provas empíricas e referências:

Colaboração internacional para o desenvolvimento sustentável

Mitigação e adaptação às alterações climáticas

As colaborações internacionais facilitam a troca de conhecimentos, a criação de capacidades e a transferência de tecnologia para aumentar a resistência do Uganda aos impactes das alterações climáticas. As parcerias com organizações multilaterais, ONG e agências doadoras apoiam planos de ação climática, projectos de energias renováveis e estratégias de adaptação.

Evidência empírica:

- A Convenção-Quadro das Nações Unidas sobre as Alterações Climáticas (CQNUAC) apresenta relatórios sobre iniciativas de colaboração no Uganda, incluindo mecanismos de financiamento do clima e programas de reforço das capacidades para fazer face às vulnerabilidades climáticas (CQNUAC, 2023).

Conservação da biodiversidade e gestão dos recursos naturais

As parcerias globais promovem os esforços de conservação, a utilização sustentável dos recursos naturais e a preservação da biodiversidade nos diversos ecossistemas do Uganda. As iniciativas conjuntas centram-se na recuperação de ecossistemas, na proteção da vida selvagem e em práticas de conservação baseadas na comunidade.

Evidência empírica:

- A União Internacional para a Conservação da Natureza (UICN) colabora com as partes interessadas do Uganda em projectos de conservação da biodiversidade, promovendo meios de subsistência sustentáveis e a gestão ambiental (UICN, 2022).

Quadros políticos para o desenvolvimento sustentável

Planos e estratégias de desenvolvimento nacional

Os quadros políticos integrados alinham as prioridades de desenvolvimento nacional com os objectivos globais de sustentabilidade. A Visão 2040 e o Plano de Desenvolvimento Nacional do Uganda dão ênfase ao crescimento inclusivo, à sustentabilidade ambiental e à criação de resiliência em todos os sectores.

Evidência empírica:

- O Ministério das Finanças, do Planeamento e do Desenvolvimento Económico (MoFPED) lidera a formulação de políticas e os esforços de coordenação para integrar os objectivos de desenvolvimento sustentável nos quadros de planeamento nacional (MoFPED, 2021).

Reformas regulamentares e reforço institucional

As reformas políticas reforçam as estruturas de governação, melhoram os quadros regulamentares e promovem a transparência na gestão dos recursos. O reforço das capacidades institucionais promove a aplicação efectiva da legislação ambiental, das políticas climáticas e das iniciativas de desenvolvimento sustentável.

Evidência empírica:
- A Autoridade Nacional de Gestão do Ambiente (NEMA) implementa reformas regulamentares e mecanismos de aplicação para salvaguardar o património natural do Uganda e promover práticas de desenvolvimento sustentável (NEMA, 2020).

Desafios e oportunidades da colaboração internacional

Financiamento e mobilização de recursos

Garantir o financiamento do clima, a ajuda ao desenvolvimento e os investimentos para projectos de desenvolvimento sustentável continua a ser um desafio. O reforço das parcerias com instituições financeiras internacionais e entidades do sector privado facilita a mobilização de recursos e a implementação de projectos.

Evidência empírica:
- O Fundo Verde para o Clima (GCF) apoia os projectos de resiliência climática

do Uganda através de subvenções e financiamento concessional, promovendo o crescimento inclusivo e o desenvolvimento sustentável (GCF, 2022).

Harmonização de políticas e normas

O alinhamento das políticas nacionais com os acordos internacionais, como o Acordo de Paris e os Objectivos de Desenvolvimento Sustentável (ODS), garante a coerência e a eficácia na concretização dos compromissos globais. A harmonização das políticas melhora os quadros regulamentares e facilita a cooperação transfronteiriça.

Evidência empírica:

- A participação do Uganda em comunidades económicas regionais, como a Comunidade da África Oriental (EAC), fomenta a harmonização das políticas ambientais e promove agendas de desenvolvimento sustentável além-fronteiras (EAC, 2021).

Conclusão

Em conclusão, o Capítulo 9 sobre Colaboração Internacional e Quadros Políticos sublinha a importância das parcerias globais e dos quadros políticos coesos no avanço dos objectivos de desenvolvimento sustentável no Uganda. Ao alavancar as colaborações internacionais, alinhar as estratégias nacionais com as agendas globais e reforçar os quadros regulamentares, o Uganda pode enfrentar os desafios transfronteiriços, promover a sustentabilidade ambiental e alcançar um crescimento inclusivo.

Explorar o papel do Uganda nos acordos e colaborações globais sobre o clima.
Explorar o papel do Uganda nos acordos e colaborações globais sobre o clima realça o seu empenho em abordar as alterações climáticas através da cooperação internacional e da ação colectiva. Aqui está uma discussão pormenorizada apoiada por provas empíricas e referências:

Participação em acordos globais sobre o clima

Compromissos do Acordo de Paris

O Uganda é signatário do Acordo de Paris, demonstrando o seu empenho na redução das emissões de gases com efeito de estufa, no reforço da resiliência climática e na promoção do desenvolvimento sustentável. As Contribuições Nacionalmente Determinadas (NDCs) do país definem objectivos para a mitigação, adaptação e mobilização de financiamento climático.

Evidência empírica:

- Os NDCs do Uganda dão ênfase a sectores como a energia, a agricultura e a silvicultura, detalhando estratégias para atingir os objectivos de redução das emissões e aumentar a capacidade de adaptação (UNFCCC, 2023).

Conferências e cimeiras multilaterais sobre o clima

O Uganda participa ativamente em conferências internacionais sobre o clima, incluindo a Conferência das Partes (COP) no âmbito da UNFCCC. Estes fóruns facilitam o diálogo global, a partilha de conhecimentos e as negociações políticas para reforçar a ação climática global e a solidariedade.

Evidência empírica:

- Os relatórios das reuniões da COP destacam o envolvimento do Uganda nas negociações sobre financiamento climático, transferência de tecnologia e reforço de capacidades para apoiar os esforços climáticos dos países em desenvolvimento (COP26, 2021).

Colaborações com parceiros internacionais

Parcerias bilaterais e multilaterais

O Uganda colabora com parceiros bilaterais, agências de desenvolvimento e organizações internacionais para implementar projectos de resiliência climática e iniciativas de desenvolvimento sustentável. As parcerias centram-se na implantação de energias renováveis, na conservação dos ecossistemas e na adaptação baseada na comunidade.

Evidência empírica:

- Os projectos financiados pelo Fundo Mundial para o Ambiente (GEF) e por doadores bilaterais apoiam os esforços do Uganda em matéria de adaptação às alterações climáticas, conservação da biodiversidade e práticas de gestão sustentável dos solos (GEF, 2022).

Assistência técnica e reforço das capacidades

Os parceiros internacionais fornecem conhecimentos técnicos, apoio à criação de capacidades e transferência de tecnologia para reforçar os quadros institucionais do Uganda e aumentar a resistência ao clima. Os programas de formação e o intercâmbio de conhecimentos capacitam as comunidades locais e os decisores políticos.

Evidência empírica:

- O Programa das Nações Unidas para o Desenvolvimento (PNUD) e outras agências da ONU colaboram com o Uganda em projectos de adaptação às alterações climáticas, promovendo meios de subsistência sustentáveis e o desenvolvimento inclusivo (PNUD Uganda, 2021).

Contribuições do Uganda para os objectivos climáticos globais

Liderança regional na ação climática

Enquanto membro de organismos regionais como a Comunidade da África Oriental (EAC) e a Iniciativa da Bacia do Nilo (NBI), o Uganda promove a cooperação regional em matéria de atenuação das alterações climáticas, gestão dos recursos hídricos e redução do risco de catástrofes. Os esforços colectivos abordam desafios ambientais comuns e promovem a resiliência além-fronteiras.

Evidência empírica:

- As iniciativas conjuntas no âmbito da EAC e da NBI facilitam a colaboração transfronteiriça, a harmonização de políticas e o desenvolvimento de infra-estruturas para a resiliência climática na África Oriental (Secretariado da EAC, 2020).

Defesa das nações vulneráveis

O Uganda defende os interesses das nações vulneráveis e dos países menos desenvolvidos (PMD) nas negociações globais sobre o clima. O país destaca os impactos desproporcionados das alterações climáticas nas comunidades vulneráveis e apela a um financiamento climático equitativo e a mecanismos de apoio.

Evidência empírica:

- As declarações e posições articuladas pelos delegados do Uganda em fóruns internacionais sublinham a importância da solidariedade, da justiça climática e das abordagens inclusivas à governação global do clima (Ministério da Água e do Ambiente, Uganda, 2023).

Conclusão

Em conclusão, o Uganda desempenha um papel pró-ativo nos acordos e colaborações globais sobre o clima, contribuindo para os esforços colectivos de resposta aos impactes das alterações climáticas e de promoção do desenvolvimento sustentável a nível mundial. Ao participar em quadros multilaterais, fomentar parcerias e defender as nações vulneráveis, o Uganda reforça a sua resiliência, melhora a capacidade de adaptação e avança no sentido de alcançar os objectivos climáticos globais.

A importância dos quadros políticos na orientação da sustentabilidade ambiental.
A exploração da importância dos quadros políticos na orientação da sustentabilidade ambiental sublinha o seu papel fundamental na definição de normas regulamentares, na promoção de práticas sustentáveis e na obtenção de um equilíbrio ecológico a longo prazo. Segue-se uma discussão pormenorizada apoiada por provas empíricas e referências:

Estabelecimento de normas regulamentares

Leis e regulamentos de proteção ambiental
Os quadros políticos definem os quadros jurídicos que regem a proteção do ambiente, a gestão dos recursos naturais e o controlo da poluição. As leis nacionais aplicam normas relativas à qualidade do ar, à gestão da água, à eliminação de resíduos e à conservação da biodiversidade, garantindo o cumprimento e a responsabilização.

Evidência empírica:

- A Lei de Gestão Ambiental do Uganda (UEMA) estabelece quadros regulamentares para as avaliações de impacto ambiental (AIA), o controlo da poluição e a conservação dos recursos naturais, orientando as práticas de desenvolvimento sustentável (UEMA, 2021).

Políticas e orientações sectoriais específicas

Os quadros políticos incluem orientações sectoriais específicas para as indústrias, a agricultura e o desenvolvimento de infra-estruturas. Estas políticas integram considerações ambientais no planeamento setorial, promovendo a eficiência dos recursos e minimizando as pegadas ecológicas.

Evidência empírica:

- A Política Florestal Nacional do Uganda define estratégias para a gestão sustentável das florestas, a conservação da biodiversidade e a participação da comunidade na gestão das florestas, apoiando a resiliência dos ecossistemas (Ministério da Água e do Ambiente, Uganda, 2022).

Promoção de práticas sustentáveis

Estratégias de mitigação e adaptação às alterações climáticas

Os quadros políticos dão prioridade à resiliência climática, à atenuação das emissões de gases com efeito de estufa e à adaptação aos impactes climáticos. As estratégias nacionais estão alinhadas com acordos internacionais, como o Acordo de Paris, promovendo vias de desenvolvimento com baixas emissões de carbono e iniciativas de reforço da resiliência.

Evidência empírica:

- A política do Uganda em matéria de alterações climáticas integra medidas de adaptação e atenuação, promovendo a adoção de energias renováveis, práticas sustentáveis de utilização dos solos e o desenvolvimento de infra-estruturas resistentes ao clima (Ministério da Água e do Ambiente, Uganda, 2023).

Economia circular e gestão de resíduos

As políticas promovem a transição para um modelo de economia circular que minimiza a produção de resíduos, promove a reciclagem e a reutilização e aumenta a eficiência dos recursos. As estratégias integradas de gestão de resíduos reduzem a poluição ambiental e apoiam padrões de consumo sustentáveis.

Evidência empírica:

- A Política Nacional de Gestão de Resíduos Sólidos dá ênfase à redução de resíduos, às iniciativas de reciclagem e às campanhas de sensibilização do público para promover práticas sustentáveis em matéria de resíduos nas zonas urbanas e rurais (Ministério do Governo Local, Uganda, 2020).

Alcançar o equilíbrio ecológico a longo prazo

Políticas de conservação e biodiversidade

Os quadros políticos salvaguardam os hotspots de biodiversidade, as áreas protegidas e os habitats de espécies ameaçadas. As estratégias de conservação incluem a recuperação de habitats, a proteção da vida selvagem e iniciativas de conservação baseadas na comunidade para preservar os serviços dos ecossistemas e a diversidade genética.

Evidência empírica:

- O Plano de Ação para a Biodiversidade do Uganda (UBAP) define as prioridades para a conservação da biodiversidade, a utilização sustentável dos recursos biológicos e a participação da comunidade nos esforços de conservação, reforçando a resiliência ecológica (UBAP, 2021).

Planeamento integrado e Objectivos de Desenvolvimento Sustentável

A coerência das políticas integra a sustentabilidade ambiental no planeamento do desenvolvimento nacional. As estratégias estão alinhadas com os Objectivos de Desenvolvimento Sustentável (ODS), promovendo abordagens holísticas para a redução da pobreza, a melhoria da saúde e a gestão ambiental.

Evidência empírica:

- A Visão 2040 e o Plano de Desenvolvimento Nacional do Uganda dão prioridade aos objectivos de desenvolvimento sustentável, incluindo o acesso a energia limpa, a segurança da água e infra-estruturas resilientes, promovendo o crescimento inclusivo e a sustentabilidade ambiental (Ministério das Finanças, Planeamento e Desenvolvimento Económico, Uganda, 2021).

Conclusão

Em conclusão, os enquadramentos políticos desempenham um papel fundamental na orientação da sustentabilidade ambiental, estabelecendo normas regulamentares, promovendo práticas sustentáveis e alcançando um equilíbrio ecológico a longo prazo na

Uganda. Através da aplicação da legislação ambiental, da promoção de orientações sectoriais específicas e da integração de estratégias de resiliência climática, o Uganda pode melhorar a gestão ambiental, alcançar objectivos de desenvolvimento sustentável e salvaguardar os recursos naturais para as gerações futuras.

Equilibrar os interesses nacionais com as responsabilidades globais para um futuro climático partilhado.
Explorar o equilíbrio entre os interesses nacionais e as responsabilidades globais para um futuro climático partilhado sublinha as complexidades e os imperativos da cooperação internacional, do alinhamento de políticas e da ação colectiva. Aqui está uma discussão pormenorizada apoiada por provas empíricas e referências:

Interesses nacionais e prioridades políticas

Objectivos de desenvolvimento económico

Os interesses nacionais dão prioridade ao crescimento económico, à redução da pobreza e à industrialização para melhorar o nível de vida e o progresso socioeconómico. As políticas centram-se no desenvolvimento de infra-estruturas, na segurança energética e na criação de emprego, impulsionando a diversificação económica e a resiliência.

Evidência empírica:

- O Plano Nacional de Desenvolvimento do Uganda dá ênfase aos investimentos em infra-estruturas, às zonas de desenvolvimento industrial e à modernização da agricultura para estimular o crescimento económico e alcançar o estatuto de rendimento médio (Ministério das Finanças, do Planeamento e do Desenvolvimento Económico, Uganda, 2021).

Segurança energética e extração de recursos

As estratégias nacionais têm por objetivo assegurar os recursos energéticos, incluindo os combustíveis fósseis e as fontes de energia renováveis, para satisfazer a procura crescente de energia. As políticas apoiam a expansão do acesso à energia, promovem as indústrias de extração de recursos e reforçam as medidas de eficiência energética.

Evidência empírica:

- A Lei do Petróleo (Exploração, Desenvolvimento e Produção) rege o sector do petróleo e do gás do Uganda, definindo os regulamentos para a extração de recursos, a gestão das receitas e a proteção ambiental nas regiões ricas em petróleo (Governo do Uganda, 2019).

Responsabilidades globais e compromissos climáticos

Mitigação e adaptação às alterações climáticas

As responsabilidades globais no âmbito de acordos internacionais como o Acordo de Paris exigem a atenuação das emissões de gases com efeito de estufa e a adaptação aos impactes climáticos. Os países comprometem-se a reduzir a pegada de carbono, a fazer a transição para economias com baixas emissões de carbono e a aumentar a resiliência aos riscos induzidos pelo clima.

Evidência empírica:

- As Contribuições Nacionalmente Determinadas (NDC) do Uganda definem objectivos para a redução de emissões, a implantação de energias renováveis e medidas de resiliência climática para se alinharem com os objectivos climáticos globais (UNFCCC, 2023).

Conservação do ambiente e proteção da biodiversidade

As responsabilidades globais incluem a conservação da biodiversidade, a proteção dos ecossistemas e a promoção da gestão sustentável dos recursos naturais. As convenções e parcerias internacionais apoiam os esforços de conservação da biodiversidade, a recuperação dos ecossistemas e as práticas de desenvolvimento sustentável.

Evidência empírica:

- A Convenção sobre a Diversidade Biológica (CBD) orienta as estratégias de conservação da biodiversidade do Uganda, dando ênfase à preservação do habitat, à proteção das espécies e ao envolvimento da comunidade nas iniciativas de conservação (CBD, 2022).

Desafios no equilíbrio entre as prioridades nacionais e globais

Compensações nas políticas de desenvolvimento

O equilíbrio entre o desenvolvimento económico e a sustentabilidade ambiental coloca desafios, uma vez que as indústrias com utilização intensiva de recursos podem ter impacto nos ecossistemas e na biodiversidade. As decisões políticas exigem compromissos entre ganhos económicos a curto prazo e uma gestão ambiental a longo prazo.

Evidência empírica:

- Os Estudos de Impacto Ambiental (EIA) avaliam as potenciais soluções de compromisso em projectos de infra-estruturas, informando os processos de tomada de decisão para minimizar os impactos ambientais e otimizar os resultados do desenvolvimento (UEMA,
2021) .

Equidade e justiça no financiamento global do clima

Garantir o financiamento adequado do clima e a transferência de tecnologia para apoiar os objectivos de desenvolvimento sustentável continua a ser um desafio. Os países em desenvolvimento, incluindo o Uganda, defendem o acesso equitativo ao financiamento, o apoio à criação de capacidades e a transferência de tecnologia para fazer face às vulnerabilidades climáticas.

Evidência empírica:

- A participação do Uganda em mecanismos de financiamento do clima, como o Fundo Verde para o Clima (GCF), visa mobilizar recursos para projectos de adaptação, iniciativas de reforço da resiliência e investimentos no desenvolvimento sustentável (GCF, 2022).

Oportunidades de colaboração e de ação colectiva

Parcerias Multilaterais e Diplomacia

A colaboração internacional promove o diálogo, a troca de conhecimentos e iniciativas conjuntas para enfrentar os desafios globais. Os esforços diplomáticos reforçam as parcerias, potenciam os conhecimentos e defendem políticas climáticas inclusivas que beneficiam todas as nações.

Evidência empírica:

- O Uganda participa em fóruns regionais e globais, incluindo a União Africana (UA) e as Nações Unidas (ONU), para promover a diplomacia climática, a solidariedade entre nações e respostas coordenadas aos impactes das alterações climáticas (UA, 2021).

Inovação e soluções tecnológicas

Os avanços no domínio das energias renováveis, das tecnologias limpas e das práticas sustentáveis oferecem oportunidades para ultrapassar as vias de desenvolvimento tradicionais. Os centros de inovação, as colaborações no domínio da investigação e as iniciativas de transferência de tecnologia reforçam a resiliência e promovem o desenvolvimento sustentável.

Evidência empírica:

- As parcerias público-privadas e os ecossistemas de inovação impulsionam as inovações tecnológicas na agricultura, na energia e na gestão ambiental, apoiando a transição do Uganda para uma economia de baixo carbono e um crescimento sustentável (MoSTI, 2023).

Conclusão

Em conclusão, o equilíbrio entre os interesses nacionais e as responsabilidades globais para um futuro climático partilhado requer um alinhamento estratégico das políticas, parcerias de colaboração e uma gestão equitativa dos recursos. Ao integrar os compromissos climáticos nas agendas de desenvolvimento nacional, fomentar a cooperação internacional e promover práticas sustentáveis, o Uganda pode avançar para um futuro resiliente, inclusivo e sustentável para todos.

Capítulo 10: Rumo a um futuro resiliente: Síntese e Perspectivas

Capítulo Exploratório 10: Rumo a um futuro resiliente: Síntese e Perspectivas analisa a síntese das principais percepções, avalia o progresso e delineia os caminhos futuros para alcançar a resiliência e a sustentabilidade. Aqui está uma discussão pormenorizada apoiada por provas empíricas e referências:

Sintetizando as principais percepções

Abordagens integradas da resiliência

A síntese salienta a importância de abordagens integradas que combinem a adaptação às alterações climáticas, a redução do risco de catástrofes e os objectivos de desenvolvimento sustentável. As estratégias holísticas aumentam a resiliência das comunidades, promovem a recuperação dos ecossistemas e fomentam a capacidade de adaptação em todos os sectores.

Evidência empírica:

- As iniciativas de gestão integrada da paisagem no Uganda integram abordagens baseadas nos ecossistemas com o envolvimento da comunidade, aumentando a resiliência aos impactes das alterações climáticas e promovendo meios de subsistência sustentáveis (ILMI, 2020).

Lições de estudos de caso e boas práticas

A síntese dos estudos de casos e das melhores práticas identifica as intervenções bem sucedidas em matéria de resiliência climática, conservação da biodiversidade e agricultura sustentável. A aprendizagem com as inovações locais e as estratégias adaptativas permite obter soluções escaláveis e recomendações políticas.

Evidência empírica:

- A Estratégia de Desenvolvimento do Crescimento Verde do Uganda (UGGDS) apresenta as melhores práticas em matéria de utilização sustentável dos solos, implantação de energias renováveis e esforços de conservação liderados pela comunidade, orientando futuras iniciativas de reforço da resiliência (Ministério da Água e do Ambiente, Uganda, 2021).

Avaliação dos progressos e desafios

Realizações dos Objectivos de Desenvolvimento Sustentável (ODS)

A avaliação avalia o progresso em direção às metas dos ODS, incluindo o acesso à energia limpa, a segurança da água e a redução da pobreza. Os relatórios nacionais do Uganda destacam as realizações, as lacunas e as áreas que necessitam de uma ação acelerada para atingir os objectivos de desenvolvimento sustentável.

Evidência empírica:

- A Revisão Nacional Voluntária (RNV) do Uganda sobre os ODS descreve as realizações em matéria de saúde, educação e sustentabilidade ambiental, salientando o crescimento inclusivo e as estratégias de criação de resiliência (Ministério das Finanças, Planeamento e Desenvolvimento Económico, Uganda, 2023).

Desafios no financiamento do clima e na transferência de tecnologia

A avaliação identifica desafios no acesso ao financiamento da luta contra as alterações climáticas, à transferência de tecnologias e ao apoio ao reforço das capacidades. Os recursos e as capacidades institucionais limitados restringem a aplicação das medidas de adaptação e atenuação das alterações climáticas, o que exige o reforço das parcerias globais.

Evidência empírica:

- O envolvimento do Uganda com os fundos internacionais para o clima, como o Fundo de Adaptação e o Fundo Verde para o Clima, colmata as lacunas de financiamento para projectos de resiliência e promove vias de desenvolvimento inclusivas (GCF,
2022) .

Traçar percursos futuros

Prioridades políticas para o desenvolvimento resiliente

As vias futuras dão prioridade à coerência das políticas, às reformas regulamentares e ao reforço institucional para um desenvolvimento resiliente. Os quadros de governação melhorados apoiam o planeamento sensível ao clima, a gestão adaptativa e a utilização sustentável dos recursos.

Evidência empírica:

- A Política de Alterações Climáticas do Uganda 2020-2030 define prioridades estratégicas para a resiliência climática, incluindo a integração das considerações climáticas nas políticas sectoriais, o reforço da capacidade de adaptação e a promoção de iniciativas de crescimento verde (Ministério da Água e do Ambiente, Uganda, 2020).

Inovação e adoção de tecnologias

As vias futuras privilegiam os centros de inovação, as colaborações no domínio da investigação e as iniciativas de transferência de tecnologia para ultrapassar os desafios do desenvolvimento. As soluções digitais, as tecnologias de energias renováveis e a agricultura de precisão promovem a resiliência e os meios de subsistência sustentáveis.

Evidência empírica:

- O Plano Nacional de Desenvolvimento do Uganda integra ecossistemas de inovação com objectivos de desenvolvimento sustentável, promovendo inovações tecnológicas na agricultura, energia e gestão ambiental (MoSTI,
2023) .

Conclusão

Em conclusão, o Capítulo 10 sintetiza os conhecimentos, avalia o progresso e delineia os caminhos futuros para um futuro resiliente no Uganda. Ao alavancar abordagens integradas, aprender com as melhores práticas e dar prioridade à coerência das políticas, o Uganda pode aumentar a resiliência aos impactes das alterações climáticas, alcançar objectivos de desenvolvimento sustentável e promover o crescimento inclusivo para todas as comunidades.

Reflexão sobre as principais ideias do livro e as lições aprendidas.
Refletir sobre as principais percepções e lições aprendidas com o livro implica resumir os seus temas centrais, sintetizar os conhecimentos adquiridos e destacar as conclusões práticas para promover a resiliência e a sustentabilidade. Aqui está uma discussão detalhada apoiada por evidências empíricas e referências:

Temas centrais e percepções

Interligação dos sistemas ambientais e sociais

O livro sublinha a natureza interligada da saúde ambiental e do bem-estar humano. Destaca a forma como as perturbações nos ecossistemas têm impacto nas comunidades, enfatizando a necessidade de abordagens integradas que equilibrem a conservação com o desenvolvimento socioeconómico.

Evidência empírica:

- Os estudos sobre os serviços ecossistémicos no Uganda revelam o papel vital da biodiversidade no apoio à agricultura, aos recursos hídricos e aos meios de subsistência, sublinhando os benefícios das estratégias de adaptação baseadas nos ecossistemas (CBD, 2022).

As alterações climáticas como fator de vulnerabilidade

As alterações climáticas exacerbam as vulnerabilidades, particularmente em países em desenvolvimento como o Uganda. O livro examina os impactes climáticos na agricultura, na disponibilidade de água e nas catástrofes naturais, sublinhando a urgência de medidas de adaptação e de reforço da resiliência.

Evidência empírica:

- A Avaliação da Vulnerabilidade às Alterações Climáticas do Uganda identifica as regiões susceptíveis aos riscos climáticos, orientando intervenções específicas na agricultura, nas infra-estruturas e na preparação para catástrofes (Ministério da Água e do Ambiente, Uganda, 2021).

Lições aprendidas e melhores práticas

Abordagens integradas da sustentabilidade

As lições das iniciativas de gestão integrada da paisagem demonstram a eficácia das abordagens holísticas que combinam a conservação dos ecossistemas com o desenvolvimento da comunidade. Estas iniciativas aumentam a resiliência, promovem meios de subsistência sustentáveis e salvaguardam os recursos naturais.

Evidência empírica:

- Os estudos de caso sobre a gestão integrada das bacias hidrográficas no Uganda destacam a participação da comunidade, as práticas sustentáveis de utilização dos solos e a conservação da biodiversidade como estratégias eficazes para a criação de resiliência (ILMI, 2020).

Coerência das políticas e governação

A importância de quadros políticos coerentes e de estruturas de governação eficazes surge como uma lição fundamental. O alinhamento dos planos nacionais de desenvolvimento com os objectivos globais de sustentabilidade facilita a ação climática, promove a conformidade regulamentar e reforça as capacidades institucionais.

Evidência empírica:

- Os processos de Avaliação de Impacto Ambiental (AIA) do Uganda ilustram quadros regulamentares que integram considerações ambientais em projectos de desenvolvimento, garantindo resultados sustentáveis (UEMA, 2021).

Conclusões práticas para o desenvolvimento sustentável

Reforçar a resistência às alterações climáticas

Entre as medidas a tomar incluem-se o aumento das práticas agrícolas resistentes ao clima, o investimento em infra-estruturas de energias renováveis e a integração de considerações climáticas no planeamento urbano e no desenvolvimento de infra-estruturas.

Evidência empírica:

- O Plano Nacional de Adaptação (PNA) do Uganda dá prioridade à agricultura resiliente às alterações climáticas, aos projectos de energias renováveis e às iniciativas de resiliência urbana para atenuar os riscos climáticos e reforçar as capacidades de adaptação (Ministério da Água e do Ambiente, Uganda, 2023).

Promover o desenvolvimento inclusivo

As lições aprendidas sublinham a importância de um desenvolvimento inclusivo que aborde as disparidades socioeconómicas, dê poder às comunidades marginalizadas e garanta um acesso equitativo aos recursos e às oportunidades.

Evidência empírica:

- Os projectos de adaptação de base comunitária no Uganda demonstram abordagens participativas que capacitam as comunidades locais, criam capital social e aumentam a resiliência aos impactos climáticos (PNUD Uganda, 2021).

Conclusão

Em conclusão, a reflexão sobre as principais ideias e lições aprendidas do livro realça a interligação dos sistemas ambientais e sociais, a urgência da ação climática e a importância de abordagens integradas à sustentabilidade no Uganda. Através da adoção de quadros políticos coerentes, da promoção do envolvimento da comunidade e da atribuição de prioridade à resiliência climática, o Uganda pode avançar para um futuro sustentável que equilibre a saúde ambiental com o desenvolvimento socioeconómico.

Perspetivar o caminho do Uganda para um futuro resiliente e harmonioso no meio das alterações climáticas.
Prever o caminho do Uganda para um futuro resiliente e harmonioso no meio das alterações climáticas implica delinear caminhos estratégicos, integrar práticas sustentáveis e promover capacidades de adaptação em todos os sectores. Aqui está uma discussão pormenorizada apoiada por provas empíricas e referências:

Vias estratégicas para a resiliência

Estratégias integradas de adaptação e de atenuação das alterações climáticas

A visão do futuro do Uganda implica a integração de estratégias de adaptação e mitigação do clima nas políticas nacionais e nos planos de desenvolvimento. Esta abordagem dá prioridade a medidas de reforço da resiliência em sectores-chave como a agricultura, a gestão dos recursos hídricos e o desenvolvimento de infra-estruturas.

Evidência empírica:

- O Plano Nacional de Adaptação (PNA) do Uganda define estratégias sectoriais para aumentar a resiliência aos impactos climáticos, incluindo a promoção de culturas resistentes à seca, a melhoria das técnicas de captação de água e a modernização das infra-estruturas para resistir a fenómenos meteorológicos extremos (Ministério da Água e do Ambiente, Uganda, 2023).

Transição para uma economia verde e Objectivos de Desenvolvimento Sustentável (ODS)

A visão de uma economia verde implica a transição para fontes de energia sustentáveis, a promoção dos princípios da economia circular e o aumento da eficiência dos recursos. O alinhamento com os ODS promove o crescimento inclusivo, a gestão ambiental e a equidade social.

Evidência empírica:

- A Estratégia de Desenvolvimento do Crescimento Verde do Uganda (UGGDS) integra os princípios da economia verde nos objectivos de desenvolvimento, orientando os investimentos em energias renováveis, indústrias ecológicas e práticas sustentáveis de gestão dos solos (Ministério da Água e do Ambiente, Uganda, 2021).

Integração de práticas sustentáveis

Conservação da biodiversidade e recuperação de ecossistemas

O caminho do Uganda para a resiliência enfatiza a conservação da biodiversidade e as iniciativas de restauração dos ecossistemas. A proteção dos habitats naturais, a recuperação de paisagens degradadas e a promoção de práticas sustentáveis de utilização dos solos melhoram os serviços ecossistémicos e a resiliência da biodiversidade.

Evidência empírica:

- Os esforços de conservação liderados pela comunidade no Uganda demonstram os benefícios das práticas florestais sustentáveis, dos projectos de restauração de habitats e das medidas de proteção da vida selvagem na preservação da biodiversidade e no apoio aos meios de subsistência (UBAP, 2021).

Agricultura resiliente às alterações climáticas e segurança alimentar

A segurança alimentar implica a promoção de práticas agrícolas resistentes ao clima, a melhoria da saúde dos solos e a diversificação das variedades de culturas. O investimento na investigação agrícola, nos serviços de extensão e no acesso ao mercado capacita os agricultores e assegura uma produção alimentar sustentável.

Evidência empírica:

- As iniciativas de agricultura inteligente face ao clima no Uganda centram-se na promoção de culturas tolerantes à seca, na melhoria dos sistemas de irrigação e na integração de práticas agroflorestais para aumentar a produtividade e a resiliência face à variabilidade climática (FAO Uganda, 2022).

Promover as capacidades de adaptação

Reforço das capacidades institucionais e da governação

A jornada de resiliência do Uganda inclui o reforço das capacidades institucionais, a melhoria dos quadros de governação e o aumento da conformidade regulamentar. Políticas eficazes, processos de tomada de decisão transparentes e envolvimento das partes interessadas promovem a resiliência e a sustentabilidade.

Evidência empírica:

- Os programas de reforço de capacidades para os governos locais e as organizações da sociedade civil no Uganda aumentam a sua capacidade para integrar as considerações climáticas no planeamento do desenvolvimento, promover a responsabilização e apoiar as iniciativas de resiliência da comunidade (PNUD Uganda, 2021).

Tecnologia e inovação para a resiliência climática

O aproveitamento da tecnologia e da inovação acelera os esforços de adaptação do Uganda. O investimento em sistemas de dados climáticos, tecnologias de deteção remota e soluções digitais melhora os sistemas de alerta precoce, aumenta a preparação para catástrofes e apoia a tomada de decisões informadas.

Evidência empírica:

- Os centros de inovação e as colaborações de investigação no Uganda impulsionam as inovações tecnológicas em matéria de energias renováveis, gestão da água e estratégias de adaptação às alterações climáticas, contribuindo para o desenvolvimento sustentável e a criação de resiliência (MoSTI, 2023).

Conclusão

Em conclusão, a previsão do caminho do Uganda para um futuro resiliente e harmonioso no meio das alterações climáticas requer caminhos estratégicos que integrem a adaptação climática, promovam práticas sustentáveis e fomentem as capacidades de adaptação. Ao dar prioridade às transições da economia verde, à conservação da biodiversidade e à agricultura resiliente ao clima, o Uganda pode alcançar objectivos de desenvolvimento sustentável, aumentar a resiliência aos impactes climáticos e garantir um futuro harmonioso para todas as comunidades.

Apelo à ação: Incentivar os leitores a fazerem parte da solução e a defenderem a mudança.

Incentivar os leitores a fazerem parte da solução e a defenderem a mudança na abordagem das alterações climáticas e na promoção da sustentabilidade implica destacar passos accionáveis, fomentar a sensibilização e promover a responsabilidade colectiva. Eis um apelo detalhado à ação, apoiado por provas empíricas e referências:

Passos a seguir para os indivíduos

Adotar práticas sustentáveis

- Eficiência energética: Reduzir o consumo de energia em casa e no trabalho, utilizando aparelhos energeticamente eficientes, mudando para fontes de energia renováveis e praticando hábitos de conservação de energia.

- Reduzir os resíduos: Minimizar a produção de resíduos através da reciclagem, da compostagem de resíduos orgânicos e da opção por produtos reutilizáveis para reduzir o consumo de plástico e as contribuições para os aterros.

- Transportes: Escolher opções de transporte sustentáveis, como andar a pé, de bicicleta, partilhar o carro ou utilizar os transportes públicos para reduzir as emissões de carbono dos combustíveis fósseis.

Evidência empírica:

- Os estudos mostram que as acções individuais, como a redução do consumo de energia e dos resíduos, contribuem para atenuar os impactos das alterações climáticas e promover estilos de vida sustentáveis (IPCC, 2021).

Envolvimento da comunidade e defesa de causas

Sensibilizar e educar os outros

- Workshops comunitários: Organizar workshops, seminários e eventos educativos para aumentar a consciencialização sobre os impactos das alterações climáticas, práticas sustentáveis e questões ambientais locais.

- Defender a mudança de políticas: Envolver-se com os decisores políticos locais e nacionais, defender regulamentos ambientais mais fortes, apoiar iniciativas de ação climática e participar nos processos de tomada de decisão da comunidade.

Evidência empírica:

- As iniciativas lideradas pela comunidade desempenham um papel crucial na promoção da gestão ambiental, influenciando as decisões políticas e fomentando o desenvolvimento sustentável a nível local e regional (PNUA, 2022).

Apoio a iniciativas globais

Participar em movimentos globais

- Greves e campanhas pelo clima: Junte-se às greves climáticas globais, às campanhas e aos movimentos de defesa para exigir acções por parte dos governos e das empresas para enfrentar as alterações climáticas, reduzir as emissões de gases com efeito de estufa e proteger os ecossistemas naturais.

- Apoiar os acordos internacionais: Defender a adesão a acordos internacionais, como o Acordo de Paris, apoiar mecanismos de financiamento climático e promover a cooperação global em matéria de adaptação climática e esforços de reforço da resiliência.

Evidência empírica:

-   As colaborações e acordos internacionais facilitam respostas coordenadas aos desafios globais, melhoram a mobilização de recursos para projectos de resiliência climática e promovem vias de desenvolvimento equitativas (UNFCCC, 2023).

Envolvimento na investigação e inovação

Promover soluções tecnológicas e inovação

-   Participação na investigação: Apoiar iniciativas de investigação sobre os impactos das alterações climáticas, tecnologias de energias renováveis, práticas agrícolas sustentáveis e estratégias de adaptação para informar políticas e práticas baseadas em factos.

-   Inovação em matéria de sustentabilidade: Promover e investir em inovações que promovam os objectivos de desenvolvimento sustentável, fomentem as tecnologias ecológicas e aumentem a resistência aos riscos relacionados com o clima.

Evidência empírica:

-   Os avanços tecnológicos e a inovação desempenham um papel crucial no desenvolvimento de soluções escaláveis para a resiliência climática, melhorando a eficiência dos recursos e apoiando o crescimento económico sustentável (MoSTI, 2023).

Conclusão

Em conclusão, defender a mudança e fazer parte da solução para enfrentar as alterações climáticas e promover a sustentabilidade exige acções individuais, envolvimento da comunidade, apoio a iniciativas globais e investimento em investigação e inovação. Através da adoção de práticas sustentáveis, da sensibilização, da defesa de mudanças políticas e da participação em movimentos globais, os indivíduos podem contribuir para a construção de um futuro mais resistente e harmonioso para todos.

Referências

- FAO. (2017). "Impacto da seca na segurança alimentar na região de Karamoja".

- Kakuru, W., Turyahabwe, N., & Mugisha, J. (2013). "Avaliação total dos serviços ecossistémicos das zonas húmidas no Uganda".

- Conselho Nacional de Revisão de Edifícios. (2019). "O Código Nacional de Construção (Normas de Construção)".

- NEMA. (2016). "Relatório sobre o estado do ambiente no Uganda".

- FAO. (2017). "Impacto da seca na segurança alimentar na região de Karamoja".

- Kakuru, W., Turyahabwe, N., & Mugisha, J. (2013). "Avaliação total dos serviços ecossistémicos das zonas húmidas no Uganda".

- Conselho Nacional de Revisão de Edifícios. (2019). "O Código Nacional de Construção (Normas de Construção)".

- NEMA. (2016). "Relatório sobre o estado do ambiente no Uganda".

- Plumptre, A. J., et al. (2007). "A biodiversidade do Rift Albertino".

- Taylor, R. G., et al. (2006). "O impacto das alterações climáticas nos glaciares das Montanhas Rwenzori".

- Turyahabwe, N., et al. (2013). "Gestão florestal baseada na comunidade no Uganda".

- PNUD. (2014). "Projeto de adaptação de base comunitária no Uganda".

- Plumptre, A. J., et al. (2007). "A biodiversidade do Rift Albertino".

- Taylor, R. G., et al. (2006). "O impacto das alterações climáticas nos glaciares das Montanhas Rwenzori".

- Turyahabwe, N., et al. (2013). "Gestão florestal baseada na comunidade no Uganda".

- PNUD. (2014). "Projeto de adaptação de base comunitária no Uganda".

ABOUT THE BOOK

In the face of an ever-changing global climate, "Fostering Environmental Harmony: Uganda's Path to Future Safeguards Amidst Climate Change" delves into the intricate relationship between Uganda's diverse ecosystems and the challenges posed by climate change. This insightful and forward-looking book embarks on a journey through the intricate tapestry of Uganda's environment, shedding light on the nation's efforts to achieve harmony and sustainability.

Uganda, with its rich biodiversity and vibrant cultural heritage, is at a crossroads where the imperative to address climate change intersects with the need to preserve its natural resources for generations to come. This book uncovers the intricate web of interdependencies that bind the country's ecosystems and communities together, highlighting the vulnerabilities faced by both in the wake of climate-related disruptions.

Drawing on a blend of scientific research, policy analysis, and local perspectives, "Fostering Environmental Harmony" presents a comprehensive view of Uganda's endeavors to navigate these challenges. It showcases the innovative strategies being implemented to safeguard the environment while promoting sustainable development, emphasizing the importance of fostering resilience in the face of adversity.

Through a series of compelling narratives and case studies, readers will gain a deep understanding of the multifaceted dimensions of climate change impacts in Uganda. From agriculture and water resources to wildlife conservation and urban planning, this book paints a holistic picture of the issues at hand and the solutions being pursued. It also underscores the role of community engagement, technology, and international collaboration in shaping Uganda's path toward a harmonious coexistence with its environment.

As Uganda stands on the brink of transformation, "Fostering Environmental Harmony" serves as a guiding compass, illuminating the way forward for policymakers, environmentalists, researchers, and concerned citizens alike. By exploring the nexus of climate change, environmental harmony, and future safeguards, this book ignites a dialogue that transcends borders and inspires collective action to secure a sustainable and resilient future for Uganda and the planet

Printed by Books on Demand GmbH, Norderstedt / Germany